教育部、财政部职业院校教师素质提高计划
建筑环境与能源应用工程类职教师资培养资源开发项目核心教材

建筑环境与设备工程
专业教学论

颜明忠　编著

同济大学 出版社
TONGJI UNIVERSITY PRESS

内 容 提 要

本书为职业院校教师素质提高计划本科专业职教师资培养资源开发项目成果之一。书中进行了专业教学论概念上的界定，描述了建筑环境与设备工程职业的起源与发展，以及相应劳动组织的变化，介绍了职业和工作的分析方法，并对该专业的四个职业领域——制冷设备维修、暖通空调施工、建筑电气安装、工程造价进行了职业分析，阐述了工作过程导向的课程开发和教学内容设计；书中着重介绍了几个行动导向的教学方法，主要有适合建筑环境与设备工程专业方向的项目教学法、实验教学法、引导文教学法、角色扮演教学法、考察教学法等，并给出了相应的案例。

本书可作为建筑环境与设备工程专业职教师资培养的教材，也可供相关专业职业教师培训进修参考。

图书在版编目(CIP)数据

建筑环境与设备工程专业教学论 / 颜明忠编著. --
上海：同济大学出版社，2021.12
ISBN 978-7-5608-7677-1

Ⅰ.①建… Ⅱ.①颜… Ⅲ.①建筑工程—环境管理—
教学研究—高等师范院校 ②房屋建筑设备—教学研究—高
等师范院校 Ⅳ.①TU-023 ②TU8

中国版本图书馆 CIP 数据核字(2018)第 005752 号

教育部、财政部职业院校教师素质提高计划
建筑环境与能源应用工程类职教师资培养资源开发项目核心教材

建筑环境与设备工程专业教学论

颜明忠 编著

| 责任编辑 任学敏 | 助理编辑 屈斯诗 | 责任校对 徐春莲 | 封面设计 潘向蓁 |

出版发行 同济大学出版社 www.tongjipress.com.cn
(地址：上海市四平路 1239 号 邮编：200092 电话：021-65985622)

经 销	全国各地新华书店
排 版	南京月叶图文制作有限公司
印 刷	江苏凤凰数码印务有限公司
开 本	787 mm×1092 mm 1/16
印 张	8.75
字 数	218 000
版 次	2021 年 12 月第 1 版 2021 年 12 月第 1 次印刷
书 号	ISBN 978-7-5608-7677-1

| 定 价 | 49.00 元 |

编 委 会

主　编　颜明忠

副主编　刘　考

编　委（按姓氏笔画排序）

叶　海　史　洁　庄　智　刘　考

李玉明　张永明　范　蕊　金彩虹

胡惠杉　黄治钟　颜明忠

前　言

为贯彻落实《国务院关于大力发展职业教育的决定》有关要求,2006年年底教育部、财政部启动实施了"中等职业学校教师素质提高计划"。2013年又启动职业院校教师素质提高计划本科专业职教师资培养资源开发项目。该项目的一项重要内容是制订88个专业项目和12个公共项目的职教师资培养标准、培养方案、核心课程和特色教材,这对于促进职教师资培养培训工作的科学化、规范化,完善职教师资培养体系有着开创性、基础性意义。

按照项目实施办法,专业项目完成需取得四部分成果:一是专业教师标准;二是专业教师培养标准;三是培养质量评价方案;四是课程资源(主要包括专业课程大纲、主干课程教材及数字化资源)。本书是为教育部、财政部88个专业项目中"建筑环境与设备工程专业"项目开发的教学论教材。

职业教育作为以就业为导向的教育,与普通高等教育相比最大的不同在于其专业鲜明的职业属性。职业教育专业的这一职业属性反映在教学中,集中体现为职业教育专业的教学过程与相关职业领域的行动过程,即与职业的工作过程具有一致性。而作为职业教育的重要组成部分,职教师资的培养必须考虑通过独具特色的、科学的培养,使其不但具备教育工作者的素质,还应熟悉职业领域的工作过程,掌握与工作过程有关的专业知识,具备工程师的基本技能。这意味着,职业教育的专业教学,总是与职业或职业领域以及职业或职业领域的行动过程紧密联系在一起。这就要求职业教育的专业教学,要有自己独特的视野。本书的指导思想在于构建有别于普通高等教育的专业教学体系和教学方法。

本书共分为五章。第一章对"专业教学论"进行了概念上的界定,同时阐述了"专业教学论"的内涵;第二章阐述了建筑环境与设备工程职业的起源与发展,以及相应劳动组织的变化,便于学生了解实际的职业及职业规章,适应职业领域里工作的未来发展。职业教师更应掌握某一职业领域中具体的职业及其职业规章的形成与发展,以便能预见该职业领域里工作未来的发展趋势。第三章介绍了职业和工作的分析方法,对该专业的四个职业领域——制冷设备维修、暖通空调施工、建筑电气安装、工程造价进行了职业分析。第四章阐述工作过程导向的课程开发和教学内容设计,这是构成职业专业方向的核心内容,旨在传授职业行动能力的教学过程或学习过程的组织。这一过程在很大程度上受到培养标准及教学计划的影响,因此要求对教学的具体设计、实施与评价,对教学资料、媒体、专业实验室及实训场所进行研究。教学过程或学习过程是职教师资培养的基本学习内容。第五章着重介绍行动导向的教学方法,主要有适合建筑环境与设备工程专业方向的项目教学法、实验教学法、引导文教学法、角色扮演教学法、考察教学法等,并给出了相应的案例及案例评价。

本书结合中国中职教育的实践,体现了职业教育研究的新理念,其出版填补了我国职业教育的师资培养教材方面的一项空白。

　　本书在编写过程中,将建筑环境与设备工程专业课程进行了系统全面的归类,阐述了专业教学方法、教学模型、教学目的,以及教学的内容和实施步骤;并根据许多教师多年的教学经验,提供了大量的教学案例,具有生动、形象的特点。

　　本书另一特点在于以相关行业为背景,对建筑业的劳动任务、工作对象、操作工具、劳动环境等特点进行分析,以培养学生对职业所包含的工种及岗位的职责、任务及所要求的知识、技能、行为能力的分析和研究的能力。

　　本书可以作为师范院校建筑环境与设备工程专业职教师资培养的专用教材,也可用于该专业职业教师的培训和进修参考。该书的编写借鉴了许多发达国家职业教育的经验,体现了国内外职业教育的新理念,建议在使用该书前了解一些职业教育、劳动科学的理论基础。

编　者

2021 年 6 月

Contents 目录

第一章

绪　论

第一节　项目背景

为贯彻落实全国教育工作会议精神和《国家中长期教育改革和发展规划纲要（2010—2020 年)》提出的完成培训一大批"双师型"教师、聘任（聘用）一大批有实践经验和技能的专兼职教师的工作要求，进一步推动和加强职业院校教师队伍建设，促进职业教育科学发展，教育部、财政部在 2011—2015 年实施职业院校教师素质提高计划，国家于 2011 年出台了《教育部关于"十二五"期间加强中等职业学校教师队伍建设的意见》。在此基础上，2013 年 6 月 7 日，教育部又印发了《职教师资本科专业标准、培养方案、核心课程和特色教材开发项目管理办法》，进一步加强职教师资培养体系建设，提高职教师资培养质量。

职教师资培养资源开发项目周期为 3 年（2013—2015 年），由中央财政设立专项资金，组织具备条件的全国重点建设职业教育师资培养培训基地，开发 100 个职教师资本科专业培养标准、培养方案、核心课程和特色教材，具体包括 88 个专业项目（项目编号为 VTNE001 至 VTNE088）和 12 个公共项目（项目编号为（VTNE089 至 VTNE100）。该项目涉及机电类、电子信息类、农林牧渔土木类、财经商贸及旅游服务类、化工医药、食品卫生、艺术设计、教育类五大类专业项目及 12 个公共项目。按照项目实施办法，专业项目要完成四部分成果：一是专业教师标准；二是专业教师培养标准；三是培养质量评价方案；四是课程资源（主要包括专业课程大纲、主干课程教材及数字化资源）。本书是为教育部、财政部 88 个专业项目中"建筑环境与设备工程专业"项目开发的教学论教材。

本书以中等职业学校教师素质提高计划《教育部、财政部职教师资培养方案课程和教程开发项目》（项目编号：VTNE041）为背景，以项目组（同济大学）于 2014 年依据调研报告开发的建筑环境与设备工程专业中等职业学校教师标准为基础，并以教师培养标准为基础，开发的建筑环境与设备工程专业职教师资专业教学论教材。

教学方法的掌握和应用是教师教育教学能力提高的一个重要方面，教师教学方法能力的提高因而也成为我国中职教师素质提高计划的重要内容。教育部、财政部实施的职教师资本科专业"专业教学论"模块的开发，体现了国家层面对这一问题的关注。掌握和运用教学方法为专业教学服务是职教师资培养的重要目的，因此专业教学论培养教材开发应以教学实践技能提高为目标，注重培养职教师资基于工作过程进行职业分析的能力，强调对教师教学的指导性和操作性，提高职教师资培养的有效性。因此，开发"专业教学论"模块强调职教师资专业教学论基于工作过程的岗位分析，教学过程的开发及专业教学中教学方法的应用掌握。开发职教师资本科培养的专业教学论教材应该遵循以下原则：①符合中等职业教育学生的认知特点和学习心理；②符合本专业教学的特殊性要求（职业性和实践性）。

第二节　专业教学法与专业教学论

一、专业教学法界定

教学法的定义很多。一般地,我们可以将其理解为"师生为了达到教学目的而开展的教学活动所采用的一切方法的总和"。

教学方法在专业教学领域中的运用不能离开诸如"面对什么教学对象?""为了什么专业教学目标?""针对什么专业教学内容?""应用什么教学媒体?"等问题,也就是说,方法应用涉及教学的目标、内容、对象、媒体、环境等教学要素。因此,我们可以将专业教学法理解为:适合专业内容教学并在相应教学媒体支持下达到专业教学目标的方法的总和。

专业教学法的开发是在专业课程教学目标的规定下,选择合适的教学方法,辅以适当的教学媒体完成专业内容的教学。专业教学法教材应有系统完整的专业课程教学(教学方法应用)案例,便于受训教师掌握:适合专业教学的方法有哪些? 方法的教学论基础是什么? 其运用的场合和条件是什么? 其操作的具体程序和步骤是怎样的? 如何将其应用到自己的教学实践中去?

二、专业教学论内涵

教学论[Didactics(英文),Didaktik(德文)]这个术语最早是由 17 世纪德国教育家拉特克(Ratke W)和捷克教育家夸美纽斯(Comedies J A)提出的。西方学者认为,夸美纽斯的《大教学论》(Didactica Magna,1632)是第一本最系统地总结欧洲文艺复兴以来教学经验的著作,该书被认为是教学论学科的奠基之作。

德国赫尔巴特(Herbart)的《普通教育学》(1806)以实践哲学和心理学为理论基础,使教学理论成为一门独立的学科。关于教育目的,赫尔巴特继承了欧洲人格本位的传统,认为教育必须达到的最高目的就是建立道德,与此同时要为成长的一代将来从事某种职业实施一定教育,以帮助他们发展能力与兴趣。此外,赫尔巴特将教学过程分为明了、联想、系统和方法四个阶段,俗称"教学四阶段理论",分别采用叙述、分析、综合与应用的教学方法,极大地提高了教学效率(表 1-1)。

表 1-1　赫尔巴特教学阶段

教学阶段	明了	联想	系统	方法
掌握知识环节	钻研		理解	
观念活动环节	静态	动态	静态	动态

（续表）

兴趣阶段	注意	期待	探求	行动
教学方法	叙述	分析	综合	应用

教学论是关于教学的一般原理、阐述教育和教学的理论，其所研究的问题是学校的教育任务和内容，学生掌握知识、技能和技巧的过程、教学原则、方法和组织形式。教学论的范畴包括为了达到一定的教学目的的教学过程、教学原则、课程、教学方法、教学手段、教学的组织形式以及教学效果的评价等方面。

在德国，教学论由以下四个部分（4个W）构成：教学的目标及其之间的相互关系（Warum）；教学的主题和内容（Was）；教学的方法及这些方法之间的相互作用（Wie）；教学环境与教学媒体（Womit）。

专业教学论则是在考虑各种可行性、困难程度或职业的专业工作下实施专业教学的前提条件、目的、内容、方法、媒体手段。

专业教学法的任务主要包括：

（1）确定应当掌握的工程技术学科所必需的知识、思维方式、方法以及教学目的；

（2）掌握教学内容、教学方法、教学组织等模型，达到最佳的学习效果；

（3）不断地对教学计划进行评价，检查其是否符合最新的专业科学研究成果技术以及职业的发展，删除旧的教学内容、教学方法和教学技术，增添新的教学内容、教学方法和教学技术；

（4）加深认识理论，不断开发跨专业的学习领域；

（5）开发与工作过程相关的学习工作任务，把工作岗位及工作过程转换为学习环境及学习领域等。

德国学者彼特森（Petersen W）在《职业教育学中的专业教学论》中，对专业教学论做出了以下的定义，为劳动、技术和职业教育之间转换关系的构成和分析。其中，工作、技术和职业教育之间的相互作用，共同构建了职业教育学的理论基石，专业教学论则是在此基础上开发的一门学科。在"工作""技术"和"职业教育"三个因素基础上再加上"职业的发展"，就构成了专业教学论研究内容的四个核心领域（图1-1）。

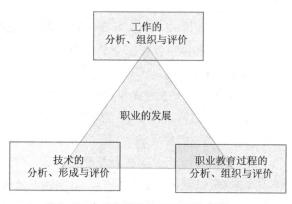

图1-1 专业教学论的四个核心领域

1）职业的发展（职业领域内的职业、劳动及技术的发展）

该领域涉及职业领域中的职业形成与发展。学生通过范例教学，学习按照职业的形成、工作内容与组织形式，了解实际的职业及职业规章，适应职业领域里未来的工作发展。这意味着，职教师资更应掌握某一职业领域中具体的职业及其职业规章的形成与发展，以便能预见该职业领域里工作未来的发展趋势。

2）职业教育过程的分析、组织与评价

该领域是构成职业专业方向的核心内容,重点旨在传授职业行动能力的教学过程或学习过程的组织。这一过程在很大程度上受到培养标准及教学计划的影响,因此要求对教学计划的具体设计、实施与评价以及教学资料、媒体、专业实验室及实训场所进行研究。教学过程或学习过程是职教师资培养的基本学习内容。这一学习领域特别要求关注职业专业方向的教育与普通职业教育学之间的紧密联系。

3）工作的分析、组织与评价

该领域的中心内容是企业组织、工作组织以及组织技术。专业工作中所包含的学习的可能性,即通过专业工作进行经验学习与行动学习的可能性,一直未纳入教学计划。工作不仅是一个能力的支出过程,而且也是一个能力获得的过程,因此,工作的形式与内容决定着职业能力的形成与获得。职业教师的任务是,要善于把工作岗位及工作过程转换为学习环境及学习领域,以便学生能开拓在专业工作中学习的可能性。为达到这一目的,学生必须掌握该职业及职业领域中特定的分析方法与组织方法。

4）技术的分析、形成与评价

该领域涉及技术的可能性与社会的愿望之间的关系。通常情况下,一个技术问题往往有多种解决途径,采用某种特定的解决途径是为了实现解决技术特定部分的问题。技术要求的有些部分在目标、目的及兴趣上完全不同,甚至相反。因此,对技术的分析应该研究与兴趣及目标相联系的不同的技术决策过程及实施过程,同时要考虑技术的使用价值及适用性。

就技术的形成或设计而言,当技术与目的、手段及其内在联系相脱离,技术在其本质上就不能被理解为目的的客体化。如果从技术的使用价值及其提出的要求对技术进行研究,就会从中得出对教育具有重要意义的与职业相关的学习内容。这意味着,人本主义的、以人为中心的技术设计应该考虑到,技术设计的基本观点是使用价值的发挥,技术的设计要考虑到与人的能力的互补性。这里指的是人自身不能胜任或难以胜任的工作应通过设计相应的技术去完成。在技术领域里首要的问题是,怎样才能培养具备设计这种技术的特殊能力的人。

三、专业教学论与教学方法

专业教学论与专业课的教学方法或称专业教学法,不能划等号。专业教学论可定义和理解为对应于专业科学的"辅助科学""跨学科的和集成的科学"。它涉及专业教学系统的各个组成模块,这些模块相互作用,组成一个有机的整体,例如,教学计划的制订和完善,需要考虑人才市场的需求;教学的设计和实施,需要考虑学生的特点、学习的心理过程。具体来说,专业教学论要解决的问题是怎样在专业科学的基础上确定教学对象和教学内容,选择教学方法,制订教学方案。对教学过程实施专业教学论"处理",是教学计划的重要组成部分。

专业教学论在职业教育中作用和地位如图1-2所示。

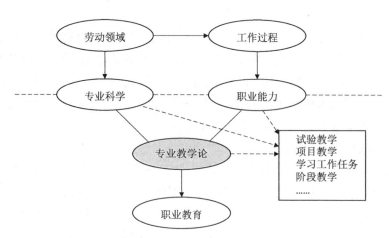

图 1-2　专业教学论作用和地位

而教学方法则是教师为达到教学目的而组织和使用的教学技术、教材、教具和教学辅助材料以促成学生按照要求进行学习的方法。现代教学方法主要包括：

(1) 为了达到现代教学目的而采用的师生之间的活动形式；

(2) 传递现代教学内容的手段；

(3) 教师引导学生学习的途径；

(4) 现代教学工作方式的总和。

关于教学方法的分类五花八门，这里总结归纳为以下两大类：

(1) 传统的教学法，例如，传统讲授、讨论式讲授、研讨、小组工作、独立工作等；

(2) 行动导向的教学法，例如，项目教学法、实验教学法、模拟教学法、计划演示教学法、角色扮演教学法、案例分析教学法、引导文教学法、张贴板教学法、头脑风暴教学法、想法构图教学法等。

第二章

建筑环境与设备工程技术和
劳动组织的发展

第一节　建筑技术的发展

一、古代建筑技术与建筑业职业的起源与发展

职业是社会发展的客观产物,具有一定特征的社会工作类别,它是一种或一组特定工作的统称。建筑是社会的编年史,它反映着社会的政治、思想、文化、经济等方面的发展。建筑业职业是所有职业中的一部分,它的产生与发展离不开社会的发展。建筑业职业依附于建筑业,建筑业职业的产生与发展也离不开建筑业的产生和发展。

(一) 古代建筑技术发展

建筑是人们为了生活和生产而建造的活动场所,是人类与自然界作斗争的产物。中国古代建筑的起源、发展、成熟阶段大致如下。

1. 原始社会时期

从一般的社会历史观来说,我们称文明以前的社会历史为史前或野蛮朝代、石器时代、原始社会等。原始社会人们为了躲避禽兽虫蛇的侵袭,主要采取两种手段:一是借岩洞藏身,二是在树上搭巢栖身。从仰韶文化建筑遗址可以看出中华民族的先民已经掌握了伐木、绑扎和夯土等技术,为后世木构架建筑的发展奠定了初步的基础。由人们生产分配是平等的母系氏族社会进入龙山文化父系氏族社会以后,建筑功能有了分工,建筑技术也有所发展,从遗迹可见,不少房间的地坪上,都涂抹了光洁坚硬的白灰面层,用以防潮和使房间内部清洁、明亮。龙山文化时期的制陶技术,比仰韶时期有了较大的改进。由于采用了在煅烧最后阶段灌水,使陶胚中铁质还原,制成了比红陶和褐陶硬度大一些的黑陶,使器皿具有较好的耐久性,为后来砖、瓦和陶管等的生产准备了条件。

2. 奴隶社会时期

社会生产的发展逐步使原始氏族公社解体,进入有阶级的奴隶社会,阶级的形成促进建筑向两极分化,一方面,带有装饰的原始地面建筑倒退到简陋的穴居、半穴居,为广大平民、奴隶栖身之处;另一方面,在氏族时期建筑成就的基础上,驱使大量奴隶去建造空前壮观的宫殿,供奴隶主、帝王居住使用,原来的氏族聚落逐步发展为带有深沟高墙的设防城市。

公元前21世纪,我国历史上第一个奴隶制国家政权——夏朝建立了,据历史文献记载,夏朝已使用铜器,开始有计划地使用土地,已掌握了初步的天文历法知识。公元前16世纪建立的商朝,是我国奴隶社会的大发展时期,当时,我国已开始有文字记载的历史,从已发现的一些和建筑有关的甲骨文字,如"宅""宫""高""室""门""囷"等来看,当时的房屋上面有完整的屋盖,下面有露出地面的台基,四周有围墙。从成汤故都和殷墟遗址可以看出当时的伐木和加工、安装等技术,已有很大的提高,商代有了陶制排水管道。西周已开始使用

铁器,到春秋时逐渐推广,工程技术相应有了较大的进步,在建筑方面,瓦的发明是西周时期的重要成就,使建筑脱离了"茅茨土阶"的简陋状态。商周时代的宫廷建筑,集中反映了奴隶建造技术的成就,为了建造高大宫殿建筑群,发明了一套施工测量器具。这些测量器具的应用,使得高大宫殿群在体形和组合上保持准确的几何关系。秦代在渭水北面建立了都城咸阳,城址在今咸阳以东长陵车站一带。史书记载,秦始皇每破诸侯,必仿其宫室,建造于咸阳北阪之上。

3. 封建社会时期

春秋时期整个社会已完全进入封建社会,此时期由于农业及手工业都有所发展,所以建筑技术有所提高,在春秋时期普遍使用瓦,并出现了诸侯宫室的高台建筑。战国时期铁器工具已相当普遍,诸如斧、锯、锥、凿等,促使木构施工技术日益提高,建筑有殿堂、过厅、居室、浴室、回廊、仓库等,还有各种取暖、排水、冷藏等设施。

当时的建筑工人已有较详细的专业分工,有掌握版筑和泥水工程的土工和掌握木结构技术的木工,鲁班就是春秋时著名的木工。建筑装修的发展,又促成了彩绘和雕刻的专业化。

汉代建筑的突出成就是木架建筑渐趋成熟,如前所述,中国的抬梁式,穿斗式木构架在汉代已经发展起来,此外多层楼阁建筑已经出现,进而又发展出多层中国式木塔,斗拱此时也普遍地使用起来。汉代金属工具的进一步改进,又促使汉代的砖石建筑向前发展,同时汉代的制砖技术也有了巨大的进步,除了发展战国时代的砖和空心砖,还创造出楔形砖和带榫的砖。

魏、晋、南北朝时代,佛教的输入,使得此时的佛教建筑鼎盛,且能把佛教建筑艺术与秦汉建筑相融合,具体表现在一些建筑和雕饰方面。长城工程在隋唐两代,均极受关注,屡发丁夫数万至百余万修筑。此期所筑重点在榆林以东部分,其所用材料为土。在隋代有两项突出成就的土木工程,一项是开掘南北大运河,另一项是桥梁工程。

中国古代建筑以木结构为主体的结构形式,发展到宋、辽、金、元时达到了完美的程度。南宋建都的临安城(今杭州),是当时四大海港之一,钱塘江边六和塔兼作指航灯塔,标志着海运与外贸的繁盛。元代大都(今北京),建筑结构和形式承宋代旧制,但在砖石结构、材料和装饰方面有所创新。元、明、清时期,公元15世纪出现了全部用砖券结构的无梁殿,并盛行于公元16世纪中晚期。华北黄土地区的窑洞住宅内部也陆续采用砖券,说明这时候砖券结构已普及各地。夯土技术,发展到明清时期有了更高成就。福建、四川等有若干建于清朝中叶的三、四层楼房,采用夯土墙承重,虽经地震,仍很坚实。此外,明清建筑在大木作施工中,还广泛使用各种铁活。如使用铁箍攒柱、梁,使用过梁和椽子加强梁柱节点联结,利用铁吊挂天花等,对于加固木结构的整体性都起着很大作用。

(二)古代建筑职业的起源与发展

由前所述的古代建筑发展史可以看出:原始社会是建筑产生的前奏时期,当时人们不存在社会分工,故而不存在职业。到了奴隶社会,出现了社会分工,有了从事农业、手工业和商业的劳动者。到了春秋、战国之际,随着井田制的瓦解、私有土地制的出现和封建依附关系的产生,奴隶制度崩溃了,于是,"工商食官"的格局被打破了,逐步形成了官私手工业与官私商业并存的局面。战国时期形成的这种新格局,到秦汉时期就获得了进一步的发展与定型化,因此,职业真正起源于封建社会,建筑业职业也是在封建社会产生的。

由于建造大量官府土木工程的需要,在封建社会初期便产生了建筑业的一些职业,如木匠、石匠等。在漫长的封建社会,建筑业的职业得以发展。

在中国漫长的历史发展中,历朝历代都建有庞大完备的职官系统。工官制度便是与建筑业职业密切相关的一个系统。

工官制度是中国古代中央集权与官本位体制的产物。工官是城市建设和建筑营造的具体掌管者和实施者,对古代建筑的发展有着重要影响。"工"这一词首先见于商朝的甲骨文卜辞中,即当时管理工匠的官吏。工官集制定法令法规、规划设计、征集工匠、采办材料、组织施工于一身,实行一揽子领导与管理,在清代以后,其内部还有设计的专业机构。我国的这种工官制度一直延续了几千年,直到清末才被大量出现的私营包工的营造厂所代替。由政府控制建筑业的发展有其不利的影响,广大建筑工人的智慧不能充分发挥出来。但是,历史上一些规模巨大,用工繁多,技术复杂的建筑能在较短的工期内完成,也正是政府干预建筑工程的结果,这是工官制度的积极一面。

在营造技术上,古代很早就有了分工。商周时代的宫廷建筑,集中反映了奴隶营造技术的成就。当时的建筑工人有如掌握版筑(应用于高大的城墙和高台工程)和泥水工程的土工以及掌握木结构技术的木工等。北魏时代,制瓦的窑工已经按工序分为匠、轮、削、昆四个工种。建筑工程方面,宋代将作监下设的东西八作司里就有壕寨作、石作、大木作、小木作、大炉作、小炉作、砖作、泥作、瓦作、窑子作、雕作、旋作、据作、竹作、彩画作等21个工种。建筑业的专业化分工,使匠师们在继承以往的经验和技巧上,工艺更加精巧。到了清代,建筑业有了更明确的专业化分工。据《工程做法》记载,有大木作、装修作(门窗、隔扇)、小木作、石作、瓦作、土作、搭材作(架子工、扎彩、棚匠)、铜铁作、油作(油漆作)、画作(彩画作)及裱糊作11个专业。古代大量工程的建造,都是依靠征集匠师、夫役的方式完成的。统治阶级采取垄断政策,将若干专业匠工一律编为匠户,子孙不得转业,世世代代要为皇家服役,被称之为班匠。从唐朝起,开始出现了雇用匠人的方式。明、清以后出现了私营的包工商人,逐渐代替了征工,皇家一切建筑工程皆由私营木厂承包。这是中国古代建筑业生产关系的一项重大改革。

通过对古代建筑职业的起源与发展进行分析,可以得到以下几个结论。

(1) 古代建筑职业的产生与发展与自然环境、社会制度、科学技术等有着密切的联系。人们为了与自然环境作斗争,挖穴或搭巢,后又因地制宜地建造不同形式的房屋,从而促使了建筑职业的产生与发展。古代社会制度、经济制度、教育制度、科学技术等均对建筑职业有着深远的影响。从琉璃匠可以看出职业与当地的自然资源有关,即具有地域性,而且古代建筑职业具有世袭性。每次改朝换代之时必要的大兴土木,促进了建筑职业的发展。封建科举制度重文轻理,很多人都不愿意从事工匠之活,导致古代许多著名匠师事迹大都记载不详。特别是鲁班,后世奉为建筑匠家的祖师,都只见于传说。喻皓的事迹也掺杂着传说,甚至想象。著名的安济桥的设计者,其原始传记材料只留下"隋匠李春"一句,历代能工巧匠连姓名也没有留下的就更多了,这导致我们不能更深入地分析古代建筑职业。

(2) 在每一次的官府土木工程的建造过程中,直接从事生产施工的"刑徒""役吏"人数庞大,这与当前我国建筑业从业人员的现状——一线施工人员所占的比例最相一致。

(3) 从敦煌工匠可以看出古代工匠明显的分级,满足了不同岗位对人员的不同需求。现代职业也继承了这一特点。

二、近代建筑环境与设备工程职业的发展

中华人民共和国成立以后,建筑业作为国民经济的一个重要的支柱产业,进入了大发展时期。建筑企业在组织施工和建筑技术方面,得到了全面的提高,与建筑业相关的供热、通风空调等市场需求开始扩大,因此形成了包括设计、制造、实施、施工、运行、维修、管理、销售各环节的技术岗位群。建筑环境与设备工程的专业名称也经历很大的变化。在1993年前,建筑环境与设备工程专业主要是由供热通风与空调工程、城市燃气工程两个部分组成,主要侧重于暖通空调等建筑环境的专业建设;1993—1998年,我国开始对大学本科专业进行调整与改革,此时建筑环境与设备工程专业分为供热通风与空调工程、城市燃气工程、供热空调与燃气工程三个专业部分,专业建设与发展仍然注重于暖通空调系统的建设与发展;1998年至今,我国高等学校基本统一专业名称为建筑环境与设备工程,其建筑环境与能源应用工程专业主要培养能够从事以下三方面的专业技术人才:

(1) 能从事建筑物采暖、空调、通风除尘、空气净化和燃气应用等系统与设备以及相关的城市供热、供燃气系统与设备的设计、安装调试与运行工作;

(2) 能够以工程技术为依托,以建筑智能化系统为平台,对工业建筑及大型现代化楼宇中环境系统和供能设施的设计、安装、估价、调试、运行、维护,技术经济分析和管理;

(3) 能适应低碳经济建设与社会可持续发展的需要,具备建筑节能设计、建造、运行管理的基本理论与专业技能,知识面宽,具有向土建类相关领域拓展渗透的能力、适应能力和实际工作能力。

19世纪20年代,随着压缩式制冷机的加速发展,暖通空调技术开始大量应用于以保证室内环境舒适为目的的公共建筑、商用建筑的环境控制中。在国内外,越来越多的民用建筑以及工业建筑都使用了中央空调,它的使用标志着一个地区的经济、技术发展水平和文明程度,同时也提高了企业管理水平和保证了产品的质量。家用空调以及供暖开始普及。随着空调大规模的使用,一系列的问题也随之产生。就我国而言,改革开放以来能源建设有了长足的发展,但是能源的供给满足不了社会经济保持可持续发展的需要。建筑耗能在社会总耗能中占的比例相当大,发达国家的建筑用能一般占到全国总耗能的30%～40%,而采暖制冷用能在建筑用能中占30%左右。高能耗带来严重的环境问题,造成大气污染、水污染、固体废弃物污染等。

建筑环境与设备工程专业侧重点从原来侧重于暖通空调系统变成侧重于热湿环境,作为建筑业的一个部分,与建筑环境与设备工程相关的职业也得到了前所未有的发展。

（一）职业分类更趋于完善

为了适应社会主义市场经济发展对劳动力社会化管理的要求，我国从 1995 年开始编制，1998 年年底完成了《中华人民共和国职业分类大典》，第一次对我国社会职业进行了科学规范的划分和分类，其中建筑业的主要职业一般是属于其中的专业技术人员，生产、运输设备操作员及有关人员两大类，如地质勘测人员、资料员、绘图员等，规划设计人员、土木工程师、水利工程师、监测人员、施工人员等。而各类又分许多职业，这里以建筑工程技术人员为例，主要包括建筑规划设计工程技术人员、建筑设计工程技术人员、土木建筑工程技术人员、风景园林工程技术人员、道路桥梁工程技术人员、港口与航道工程技术人员、机场工程技术人员、铁路建筑工程技术人员、水利水电建筑工程技术人员等。

（二）工种或岗位分工更加精细

建筑环境与设备工程相关的工种更为明确，主要包括测量放线工、建筑材料试验工、工程安装钳工、管道工、电梯安装维修工、通风工等。表 2-1 是当前的部分工作岗位名称与编号。

表 2-1　工作岗位名称与编号

名称	职业编号	名称	职业编号
木工	13-001	挖掘机驾驶员	13-030
瓦工	13-003	起重机驾驶员	13-027
抹灰工	13-005	塔式起重机驾驶员	13-028
建筑油漆工	13-008	中小型建筑机械操纵工	13-031
防水工	13-011	工程机械修理工	13-032
钢筋工	13-012	工程凿岩工	13-033
混凝土工	13-013	工程爆破工	13-034
架子工	13-014	桩工	13-035
石工	13-006	筑路工	13-038
测量放线工	13-015	下水道工	13-039
建筑材料试验工	13-016	沥青工	13-040
工程安装钳工	13-021	道路巡视工	13-049
管道工	13-022	道路养护工	13-041
电梯安装维修工	13-036	下水道养护工	13-042
工程电器安装调试工	13-023	污水处理工	13-043
通风工	13-024	污水化验监测工	13-045
安装起重工	13-025	污泥处理工	13-044
筑炉工	13-026	沥青混凝土操作工	13-046
混凝土制品模具工	13-018	管函顶进工	13-047
推土、铲运机驾驶员	13-029	隧道工	13-048

（三）各种职业内容不断弃旧更新

无论是传统职业还是新型职业，同一职业在不同的时代都会随着社会的发展和科技进步而具有许多截然不同的内容。以架子工为例，以前的架子工只要掌握木架子或竹架子的一般搭设方法就可以了，而现在的架子工，若只会搭一些木或竹架，在社会上可用武之地就很少，即使在少数地区仍会使用这些脚手架。对于一个建筑业企业来说，他们不可能只承包低、中、高层的普通建筑，为了生存，他们会承接各种建筑，如高层民用住宅、超高层商用大厦等，这些建筑离不开新型的脚手架，故而架子工不仅要了解这些新型脚手架的相关知识，还要掌握现代架子的搭设技术。再如防水工，当地下防水工程出现渗漏，传统的做法是在水泥浆或水泥砂浆中掺入促凝剂（如水玻璃等），促使水泥快凝，将渗漏水堵住。而后来研究出有机高分子化学灌浆材料，由于化学灌浆材料呈溶液状态并具备许多水泥浆所不具备的性能，所以后来的防水工便采用由多层氰酸酯与聚醚树脂制成的主剂与添加剂组成的灌浆材料（氰凝）进行堵漏。由上可见，各种职业内容的不断弃旧更新，使得从业者的知识、技能也必须随之更新，这样才能在社会上立足。

（四）职业结构不断调整

随着国家工业的发展及国家对建筑业大力发展的支持，使得职业结构也发生了变化，建筑业从业人员不断增加。在技术工人中，各工种的构成也有相当大的变化。20世纪50年代砌筑工作量增大，瓦工占22.4％。当时，木工机械尚未普遍采用，手工劳动居多，木工占23.2％。混凝土也多在现场搅拌，混凝土工占8.6％。20世纪80年代，由于施工技术的进步，在技术工人中原来比重较大的工种占比都已下降，如提高门、窗制作的工厂化程度和大量采用钢门窗、钢模，木工占比下降至13.4％；钢筋混凝土大模板和建筑制品工厂化生产，现场砌筑量减少，瓦工比重只有18％。过去技工中所占比重较小的工种，由于建筑对象的变化，施工工艺的改变，机械化程度的提高，占比也有所提高。1985年与1955年相比，焊工占比由0.9％上升至4.6％，起重吊装工占比由0.9％上升至4.7％，推土工、铲土工及汽车司机由0.1％上升至3.6％。20世纪80年代建筑物的外装修盛行，瓦工中的抹灰工占比增加，由1955年占技工的3.6％，增加至1985年的9.8％。

自20世纪90年代起，建筑工程劳务作业逐渐形成了两种作业模式，一是总承包企业使用自有固定劳务作业层实施劳务工程作业模式；二是总分包作业模式，即总承包企业承接工程后，将劳务作业再行分包。原来固定的组织状态下的用工形式，变成了不稳定的、零散的用工形式，而且农民工所占的比例很大。当然，随着社会的发展，职业结构还会不断地调整。

（五）现代职业对从业人员的素质要求不断提高

由于职业的不断发展与变化，一方面从业者转岗将越来越频繁，另一方面，现代职业对人的技能要求也越来越高。这可以从工人的技术等级变化看出。工人技术等级反映工人劳动技能的高低，20世纪50年代，工人的技术等级分为七个等级，最高级是七级，最低级是一级。"一五"初期,建筑业处于初创阶段,招收新工人较多,大部分没有接受过专业技能的训练,达不到技术标准的要求。当时,工人平均技术等级仅为3.3级。经过两年的培训,达到了3.72级,其中四级以上的工人占48.5%。其后几年,由于大量招收新工人,工人的平均技术等级迅速下降,1958年仅有2.21级。建工部在1963年制定了全国统一的《建筑工人技术等级标准》。这一套标准包括:《土木建筑工期技术等级标准》《混凝土构件和木材加工工人技术等级标准》《安装工人技术等级标准》《机构施工工人技术等级标准》,提出了各工种、各等级工人掌握生产操作知识及本专业技术理论的应知要求和熟练操作、保证质量、完成定额、安全生产的应会要求。20世纪80年代初,国家建工总局又对原标准进行了修改,修改后的工种划分,将工作性质相近的工种进行了合并,如木工标准中包括了木材厂机械木工的内容,瓦工与抹灰工合并为砖瓦抹灰工,钢筋工与混凝土工合并为钢筋混凝土工,起重工与架子工合并为起重架子工,油漆工与油毡工合并为油漆油毡工。烘炉工未单列标准,执行机械制造业制定的锻工技术标准。白铁工并入通风工,列入《安装工人技术等级标准》。这一套标准共有33个工种、218个技术工人的等级,提高了对工人应知应会的要求。

第二节　建筑业劳动组织的变化

不同的劳动组织决定了不同工作岗位的层次,也决定了相应职业教育的培养目标和内容。从泰勒的科学管理原则到现代化的"扁平化管理"模式,劳动组织随着社会的发展发生了巨大的变化。

一、泰勒的科学管理——流水线生产方式

19世纪20年代初,美国工程师泰勒(F.W.Taylor)提出了以劳动分工和计件工资制为基础的科学管理原则(泰勒主义),使传统的手工单件生产转向工业化批量生产,从而使早期工厂管理实践向科学管理迈出了划时代的一步。1913年,福特公司按照科学管理原则,把汽车装配分解成若干简单操作步骤,如拧紧螺丝、焊接和涂漆等,在自己的公司建立了世界第一条汽车装配流水线。流水生产线缩短了生产周期,提高了生产效率,降低了成本,保证了质量,使得福特公司生产的T形车成为历史上最早普及的家庭轿车。

泰勒主义的基本内涵:在单件的手工生产方式向大量的、机械化生产方式的发展过程中,进行严格而详细的"工作分析",把工业生产活动分割成一系列的单个简单劳动,借此对生产过程进行有效控制和管理。

按照科学管理原则,生产劳动被划分成按照简单程序重复进行的操作之后,分工详细,内容简单,工作内容智能含量低,领导和下属之间的关系复杂。以建筑领域为例,工人按照等级被划分为师傅、领工、工人、非熟练工等,这就所谓的垂直劳动分工;又按照工种划分为抹灰工、木工、钢筋工、砖瓦工、混凝土工等,即所谓的水平劳动分工。具体分工

如图 2-1 所示。

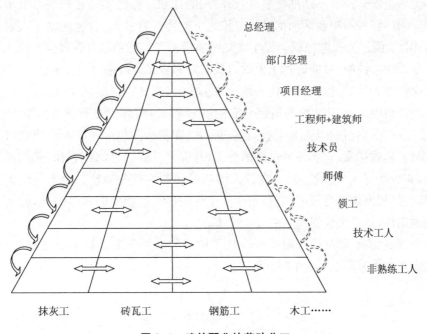

图 2-1　建筑职业的劳动分工

注：　⤸　不同级别之间的交流；　⟺　同级别之间的交流；　⤳　反馈。

泰勒主义的劳动分工形成的人际之间的交流方式：

（1）自上而下的交流方式是了解市场变化的主要渠道，同级之间也有一定的相互交流；

（2）自下而上的交流方式只限于了解上级指令的执行情况，对企业实际运行情况的反馈不够重视；

（3）"狭长型"的劳动组织模型反应迟钝。

二、"扁平化管理"的劳动组织模式

进入 20 世纪，市场竞争演变成质量和品种的竞争，大批量生产的模式受到了严峻考验。市场的竞争要求：

（1）要满足客户的需求尽可能快速地提供高质量的产品；

（2）要对所有的客户需求都要做出相应的响应；

（3）要提供一定数量的特殊产品；

（4）要提供多样化的产品，例如大众汽车公司提供了 2 000 个不同品种的帕萨特（Passat）轿车；

（5）要为客户提供应急交货（"just in time delivery"）；

（6）要确保"零缺陷"生产。

因此，多层次、多级别管理的"泰勒"模式无法满足这些要求。一方面，信息流在经历"狭长的"劳动组织途径后不断地被衰减，长时间的计划过程也使得客户的需求不能及时得到满足；另一方面，每一职业活动都处于监控之下的传统监督形式，也使得工人对监控系统产生了依赖性：偶尔失去监控就会发生大量的质量错误。特别是有许多生产流水线以外的复杂工作是无法监控的，只能通过工人的自我监督和自我评价来完成任务。

第二次世界大战后，以丰田为代表的汽车工业，根据日本国民的个性和国情，采用了以改革企业生产组织方式为目标的所谓"精益生产"模式，国际上也称之为"扁平化管理"模式。"精益生产"是典型的以人为中心的组织方式，即把指挥生产的职能和决策权下放到车间。与"泰勒"模式相反，它不强调过细的分工，却强调各部门之间的合作，采用灵活的小组工作方式，充分考虑人的因素，充分发挥人的积极性和主观能动性。由于一线工人参与管理，对实际生产情况能进行及时调整，减少了工件在生产过程中的等待时间，使生产组织具备了更大的柔性，从而大大提高了劳动生产率。

以建筑领域为例，团队或小组工作取代了原来的水平分工，"技术员＋师傅＋工人"的方式取代原来的垂直分工，如图2-2所示。

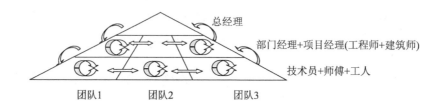

图 2-2　建筑职业的劳动分工(扁平化)

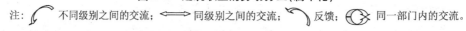

"扁平化管理"的劳动组织形成的人际之间交流方式：

（1）自上而下的交流方式仍是了解市场变化的主渠道，但除了同级之间的相互交流以外，部门内部上下级之间也有交流；

（2）自下而上的交流方式不仅限于了解上级指令的执行情况，而且反馈得到重视，下级可对指令的意义和价值进行讨论并将建议反馈回上一级。

角色的变换使得企业领导不再是生产的监督者和管理者，而是小组工作的组织者和协调者。由于一线生产人员要参与生产的指挥和决策，对技术工人的能力要求有了空前的提高。

三、劳动组织变化提升工人地位

在"狭长型"的劳动组织中，工人的地位相对低下：接受上级对下级发布的指令；下级对上级的职责只在于指令是否完成。由此产生的效果：工人与上司之间的关系不平等；只是单纯接受指令，责任感不强；缺乏主观能动性和创造性(图2-3)。

在"扁平化"的劳动组织中,工人的地位得到改善:上下级别之间平等地相互交流,不仅关注指令是否得以执行,而且允许对指令执行的状况进行评价;工人有机会与上一级交流,普通工人的地位得到改善。由此产生的效果:工人有更多的自主权,当然为确保产品的竞争力,这一自主权要受企业目标的限定;可对自己的工作进行自我监控;要有更强的交流能力,善于与合作伙伴及上司进行交流;具有更强的动手能力;人的主观能动性和创造性得到充分发挥(图 2-4)。

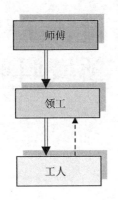

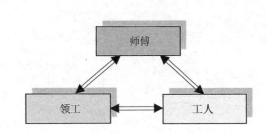

图 2-3　"狭长型"劳动组织中的工人地位　　**图 2-4　"扁平化"劳动组织中的工人地位**

第三章

建筑环境与设备工程技术
领域职业分析

第一节 职业分析方法

职业分析是职业发展到一定阶段的产物。特别是大工业后,随着科学技术的发展和对职业从业人员的大量需求,职业教育的必要性突现,与之相应也便出现了职业分析。职业分析是职业社会学的组成部分,是职业研究科学重要的学术领域。它与劳动分析共同构成劳动科学的重要部分。在许多经济发达国家,职业分析的发展已经有近百年的历史。但是,在我国的职业和劳动科学领域,特别是在职业技术教育研究领域中,对职业的研究尚处于起步阶段,甚至"职业分析"这个概念在我国的职教界还是一个陌生的术语。

通过职业分析能对职业的发展趋势做出科学的判断。在不同的社会发展阶段职业呈现不同的社会分工,随着生产力的发展,原有的职业出现分化与综合,旧职业消失,新职业产生,这是一个延续不断的演化过程。通过职业分析,我们能及时地根据职业的发展趋势对从事相关职业的人员做出及时调整,使经济能持续健康有序的发展。

职业分析也是实现从社会职业到教学专业转换的重要环节。职业学校的专业设置是把众多的社会职业转化成为有限的学业门类,以便根据受教育者的生理、心理及体能特征,遵循教育规律,实施职业教育。经济部门的产业结构和人才结构,决定着教育的类别结构和专业结构,并要求教育的类别结构和专业结构与之相适应,为之服务,这就需要依靠职业分析。

一、职业分析的含义

职业分析是对从事某种职业所需知识、技能和态度的分析过程,是对某一特定职业的特性和内容所作的多层次分析。简言之,职业分析即是通过调查研究,对职业所包含的所有工种和岗位的职责、任务、所要求的知识、技能和行为能力用科学的方法进行分析、研究,获得关于对该职业典型特点及相关职业共性特点的内容描述。它包括定性和定量两种分析方法,分析内容涉及职业内容、工作手段、工具、工作对象、工作条件、工作环境、材料、设备、技术和工艺、工作流程、工作规范标准和检验方法等。

职业分析是将各项工作内容、任务、完成的难度、工作质量标准以及对工作者的要求等加以分析,制定相应的标准,作为因事择人和因人择事的依据。在职业指导方面,职业分析主要用来分析各类职业对人的不同要求,包括对人的心理素质、生理素质、思想素质、知识结构、能力水平及其倾向等各个方面的要求,也包括职业特点、主要活动内容与活动方式,帮助求职者了解自己的职责范围和在整个职业活动中的地位、作用,为求职者确定从事某种职业的适合性程度提供依据。除劳动分析外,职业分析还与经济分析、社会分析有着极为紧密的联系。它为职业分类、职业结构及变迁、职业结构与社会经济结构、就业、失业、待业、职业咨询、职业教育及培训、职业分析和伦理问题等职业社会学其他研究领域提供基础。

从职业教育的角度进行职业分析应做到以下几点：

（1）通过调查研究，对某种职业包含的工种及岗位的各项工作的性质、内容进行科学系统的多层次分析研究；

（2）分析的内容应包括该种职业的主要职责、工作（服务）对象、工作环境、使用的工具与设备、材料、技术与工艺、生产流程（服务程序）、工作规范或标准、检验方法、劳动组织形式等；

（3）综合出从事该种职业应具备的技能、知识和行为方式的基本要求；

（4）形成适应社会进步和经济发展需要的、具有确定培养目标的、遵循教育规律的职业教育的学业门类。

职业分析是职业教育与职业的关系研究中的一项重要基础工程。它是职业教育现代化的客观要求。众所周知，决定社会生产最主要、最活跃的因素是人力资本。衡量人力资本优劣的主要尺度是劳动者素质，劳动者素质提高的主要渠道是教育，特别是各个层次的职业教育和技术培训。在社会生产活动中，无论是第一产业、第二产业还是第三产业，对从事职业活动的劳动者都提出了各种客观能力结构的要求。职业教育的任务就是要使接受职业教育的劳动者所具备的素质能满足职业岗位的客观要求，而通过职业教育所获得的能力是否适应科学技术日新月异的新需求，则需要职业教育者迅速做出适应性调整。职业教育改革的科学依据来源于对新技术、新材料、新工艺的采用分析，对劳动组织的发展和劳动力市场的变化分析，归根结底来源于职业分析。

职业工作系统和职业教育系统的要求以及合作和社会交往的要求，都促使人们更加关注工作过程。这是由于通过经验性社会调查（如专家访谈）所得到的工作岗位适应技术变化的要求，形成了对职业工作系统的要求，并进一步与职业教育系统融合，成为确定职业教育需求的基础（图3-1）。

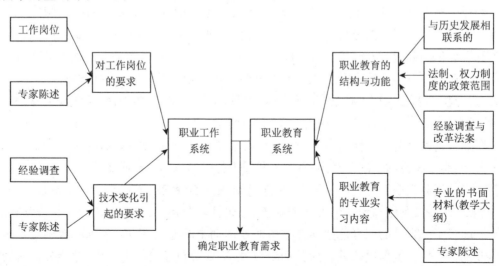

图 3-1　职业工作系统和职业教育系统的形成

二、职业分析的基本方法

职业研究是职业社会学的重要内容,职业分析则是职业研究科学重要的学术领域。职业分析的方法主要有以下几种。

1. 观察法

观察法是研究者按照预定的目的和计划,在被研究的对象处于自然条件时,对其进行直接、系统、连续地观察,收集感性资料并做出准确、具体、详尽的记录,通过分析资料获得结论的一种研究方法。除肉眼观察外还可借助录像、录音机等视听工具。观察的具体步骤如下:

(1) 事先做充分准备。先对观察的对象有一般的了解,然后根据研究的任务,研究对象的特点,确定观察的目的、内容和重点,制订可行的观察计划。

(2) 按计划进行实际观察,但也不排除必要时随机应变。在观察中研究者要亲自做详细的笔记,及时记下重点,不要只靠事后回忆。

(3) 及时整理材料,删去错误的材料,对正确的、分散的材料进行汇总加工,对典型材料进行分析。要注意对观察的对象不能给予人为的干扰,在观察中要客观地进行记录,以便日后分析整理。

2. 调查法

调查法是研究者有计划地通过亲自接触、广泛了解来掌握大量的第一手材料,在此基础上进行综合分析找出科学结论的一种方法。采用调查法一般是在自然的过程中进行,通过访谈、发放调查问卷、开座谈会、测验等方式收集材料。具体步骤如下:

(1) 准备。首先要选定调查对象,了解其基本情况,确定调查范围,研究有关理论和资料,拟定调查计划、表格、问卷、谈话提纲等,规划调查的程序和方法。

(2) 按计划进行调查。通过各种手段进行调查,必要时可根据实际情况调整调查计划。

(3) 整理材料,包括分类、统计、分析、综合,写出调查研究报告。

3. 实验法

实验法是在人工控制的条件下,有目的、有计划地逐次改变条件,根据观察、记录、测定与此相伴随的现象及数据的改变来确定条件与现象之因果关系的方法。实验法可分为实验室实验法和自然实验法。职业分析实验多采用自然实验法进行。两种实验法都要保证接受实验者处在正常状态中。实验一般有三种方法:单组法、等组法、循环法。实验法进行的步骤如下:

(1) 决定实验立项,拟定实验计划。

(2) 创造实验条件,准备实验工具。

(3) 实验的进行。在实验过程中要做精确而详尽的记录,在各阶段要做精确的测验,为排除偶然性可反复多次。

(4) 处理实验结果。要考虑各种因素的作用,力求排除偶然因素,慎重地核对结果。

4. 文献法

通过阅读有关图书、资料和文件全面准确地掌握所要研究的情况。查阅的文献必须准

确,必须鉴别其真伪。文献法的步骤如下:

(1) 搜集与研究问题有关的文献,然后从中选择可用的材料,分别按照适当的顺序阅读。

(2) 详细阅读。边阅读、边摘录、边确立大纲。

(3) 根据大纲将所摘录的材料分门别类。

(4) 分析研究所收集的材料并写成报告。需要注意的是在查阅文献前,要做好有关知识的准备,否则难以从材料的分析中得出正确结论。

5. 比较法

比较法是对某些职业在不同时期、不同社会制度、不同地点、不同情况下的不同表现进行比较研究,以揭示职业发展的普遍规律及其特殊表现。具体步骤如下:

(1) 描述。要把所要比较的事物的外部特征加以准确、客观的描述,为进一步分析、比较提供必要的材料。

(2) 整理。整理收集到的有关资料,如做出材料统计,进行解释、分析、评定,设立比较的标准。

(3) 比较。对所收集的资料进行比较、对照,找出异同和差距。

三、职业分析中的调研

(一) 基本内容

(1) 如何认识工作过程内含的功能关系并加以利用?

(2) 如何认识工作对象的功能及其与社会应用之间的关系?

(3) 如何认识和评价某企业工作的效果?

(4) 如何来描述工作过程,从而使之用于组织?

(5) 如何理清、利用并评价劳动中的社会关系?

(6) 如何描述学习型工作过程中所要求的复合程度及其结构?

(7) 以何种形式使学习型工作过程成为人们开拓独立性以及可塑性的途径?

(8) 是否应掌握一种有用的理论来解释现实问题,以及如何解答问题并为教育服务?

(9) 如何认识和反映学习型工作过程的计划性,如何引导行动的结果并独立处理必要的信息资料?

(10) 如何使学习型工作过程融入多样化的社会问题解决形式之中,并确保不出现个别的无效学习?

(11) 工作和社会范围概念的归类是否应以工作关系为依据,这种依据能否从学习型工作的经验中获得?

(二) 调查对象

1. 信息接收与信息处理

(1) 工作信息的来源,例如工作指令、检测仪器、口头交流、触摸感受;

（2）感觉与认识的过程，例如外表特征的感官判断，典型噪音的认识，对声音的区分；

（3）功能、能力判断，例如对速度、重量、时间长短等的估计；

（4）思考与决定的过程，例如在解决问题时总结性的思考水平；

（5）对获得信息的利用，例如所要求的普通学校教育水平，必要的获得职业经验的周期、所需的时间，所要求的教学能力范围等。

2. 工作的实施

（1）工具、仪器、仪表、设备的利用；

（2）手工操作；

（3）运用身体各部位进行的工作；

（4）行动能力与协作能力等。

3. 重要的工作关系

（1）信息交流形式；

（2）人际关系；

（3）各类联系人；

（4）指导与合作；

（5）压力/负担与冲突/争论；

（6）重要的工作联系、联络形式等。

4. 环境影响与特殊的工作条件

（1）外界工作条件；

（2）事故危害与劳动安全；

（3）工作的组织结构（如工作方法、工作过程、工作速度、对工作目标的影响的可能性）；

（4）责任。

（三）职业分析目标

1. 技术工人素质调查主线

（1）技术工人需要具备哪些资格和技能才能最佳地完成其承担的工作任务？

（2）这些资格和技能从哪里得到？在工作过程中可以掌握到什么程度？工作程序及工作体系的构成对工人获取这些资格和技能的过程会有哪些积极或消极的影响（在可能的情况下）？在企业内能获得多少这些必要的资格和技能？在企业外的教育体系中又能获得多少？

（3）这些资格和技能以什么样的方式不断地发展和完善？在其发展和完善的过程中有没有显著的标志或特征？

（4）技术工人需要具备哪些能力，才能参与对自身工作环境的塑造以及参与企业的发展过程？

2. 企业结构调查主线

方法：访谈法。

（1）您的企业经营范围有哪些，是如何发展到现在这一规模的，近期发展前景如何？

关键词：建立过程,生产任务的变化,员工质量和数量上的发展,企业所有者的家庭成员在企业中的情况,技术装备,工作岗位,扩充的可能性,发展的问题等。

（2）企业所承担的客户委托有哪些类型,加工强度有多大,通过车间装备和员工培训能获得多大的生产能力,工作由谁来组织?

关键词：加工能力的界限,与车间的友好合作,客户对维修质量的期望,企业的工作目标,客户谈话,初步鉴定和预算,将客户委托任务列入工作任务,新增加的劳动分工,科室/车间的位置平衡,信息源,鉴定/测量仪器,工具归类整理等。

（3）企业可达到何种技术复合程度,如何使之适应新的要求?

关键词：源于工业发展的新产品形象,经验知识的贬值,必备能力的掌握,新工具和器械的购置,必要的信息来源等。

（4）员工结构是如何组建的,为他们提供了哪些发展的可能性?

关键词：等级层次,资格训练,见习,进修,专门化,技术要求,产品信息来源,人员的流动与新增等。

（5）您是否认为一项合格的培训是必要的和可能的,培训中的问题在哪里,您的经验是什么,它是否已运用在您的企业培训中?

关键词：员工的培训和进修,培训经验,培训方法,对能力构成的评价,潜在的培训位置,培训与劳动的联系,理论与实践的关系,教师/培训者的能力。

3. 工作过程调查主线

方法：访谈法。

（1）客户委托的任务是由谁、以何种形式接收的,入口鉴定由谁负责,服务由谁提供?

关键词：委托承接,文件记录,鉴定的详细分级,鉴定工具的使用,加工时间的预算,备件费用等。

（2）任务书和必要的工作信息资料如何移交给工人,劳动分工和工作周期由谁来确定?

关键词：工人的选择,工作任务书的形式,附加的说明,资料的来源和选择,所给资料的范围,工作步骤的顺序,时间进度等。

（3）学习鉴定以何种形式进行,工作的范围和质量由谁决定,技术性问题如何解决?

关键词：参与者和决策者,附加的鉴定工具,备件的购置,顾客的反馈,交由外厂承担的部分任务的分配,运输工具的使用时间,工人之间的合作等。

（4）在您的企业中,工具、器材和资料是如何提供给员工使用的?

关键词：鉴定工具的使用,公用工具储备架和个人工具箱,专用工具的来源,工作过程中所必需资料的来源等。

（5）工作结束后如何进行记录,如何组织移交给其他工人和顾客以及如何实施质量管理?

关键词：参与者,过程,质量鉴定,工作证明,客户联系等。

第二节 职业分析的实施步骤

一、职业分析的三个阶段

职业分析的基点是职业岗位。职业分析应以满足职业对于劳动者应具备的素质要求为基本准则。职业分析人员应长期从事该职业,具有本职业岗位全面工作能力;应来自职业最具有代表性的产业、行业部门和不同类型的企业,这是职业分析的关键。职业分析工作由 10 名左右的职业分析人员和 2 名职业教育工作者组成的职业分析小组实施。职业分析通常分为准备阶段、实施阶段和结果分析阶段,如图 3-2 所示。

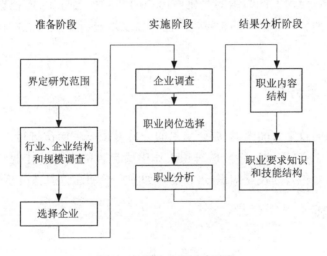

图 3-2 职业分析三个阶段

(一) 准备阶段

根据职业分析的具体研究对象界定研究范围;选定最具职业典型特征产业部门,确定最有代表性的企业作为企业调查的对象;编制职业分析需要的调查问卷。

(二) 实施阶段

对企业的典型调查和调查问卷的回收、整理、归类。主要包括以下内容:①职业包括的相关工种;②职业活动的主要产品(服务项目);③职业活动的职责范围、主要任务;④职业活动所需的主要技能、基础专业知识和行为方式;⑤职业活动的(服务)对象,工具设备;⑥职业活动所需的特殊生理、心理素质要求;⑦职业活动的环境条件。

调查时应注意方法,保证资料的真实性、可靠性和完整性,以取得职业分析的第一手资料。调查常用的方法有:①面谈。为获得岗位的有关信息,可约见员工,调查了解其所在岗位的有关情况。通过面谈能进一步验证现有资料的真实性和可靠性,弥补其他调查方式的不足。为保证面谈的顺利进行,调查人员应拟定调查提纲,采取适当的发问顺序,并注意尊重被调查者,创造良好的环境氛围。②现场观测。即调查者直接到工作现场进行观察和测定,应注意多提几个为什么,并注意不要干扰员工的正常工作,同时尽量选择多所场地进行同类岗位的观察。③书面调查。即利用调查表进行调查,调查的可靠性依赖于调查表的科学性和被调查者的主观认识,具有一定的局限性。

(三)结果分析阶段

根据循序渐进的原则,将应具备的技能及与之相应的基本技术基础知识,行为方式等分类排序;按照职业活动所运用的技能、专业技术基础知识的使用频率次数、确定出各个技能、专业技术基础知识等在职业活动中的重要程度;对于同时分析的若干职业活动,按照职业活动中运用的技能、专业技术基础知识的相同程度或重叠度,以确定职业之间的类似程度;对于因科技进步,劳动生产组织的变化而出现的新兴社会分工,需根据其使用技能、专业技术基础知识与现有职业活动的相对特殊性与独立性进行职业内涵的比较分析,以确立新的职业。

二、调研结果分析

从职业所要求的技能方面考虑,调研结果的分析可按三个层次进行。先按职业承担任务的不同分成若干工作(工种),再分析每项工作中所包含的必需的作业(任务),然后进一步分析每一作业中所包含的技能知识点(技能),如图 3-3 所示。具体分析过程如下。

(一)工作分析

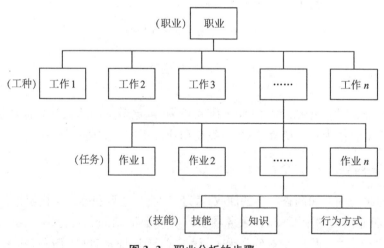

图 3-3　职业分析的步骤

工作分析是为确定工作的性质、内容、任务和工作环境,以及对承担该项工作的人员素质要求所进行的研究分析活动。从而剖析某项工作的特点,详细、具体和系统的列出其职位、业务范围和所需的知识和操作技能。

加拿大社区学院采用的以职业能力为基础的(Competency-Based Education，CBE)职业教育体系中的课程开发(Develping A Curriculum，DACUM)就是以产业职业岗位的需求，通过职业分析确定综合能力(技能与知识及其频率与复杂程度、工具与设备、工作态度、安全操作规程等)的实例之一。

如焊接技工这一职业，经研究分解为基础操作技能、绘制草图并解释图纸、气焊、电弧焊、气体保护焊、高级焊接等六项工作，如图 3-4 所示。

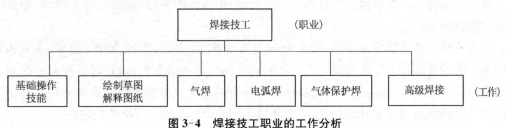

图 3-4　焊接技工职业的工作分析

(二) 作业分析

作业分析是对完成某一项特定工作所必需的作业(或任务)进行的程序分析。其过程包括对构成该项工作的诸项作业分解，再将构成作业的诸单元操作一一分析过滤，进行删除、合并、重排、简单等处理，同时优化相关因素(如材料、工作对象、使用的工具与设备，工作环境)并按每项作业的重复率和难易程度给予标记。在此基础上分析每项作业所需具备的技能、知识和行为方式及其应用频率和难易程度，如图 3-5 所示。

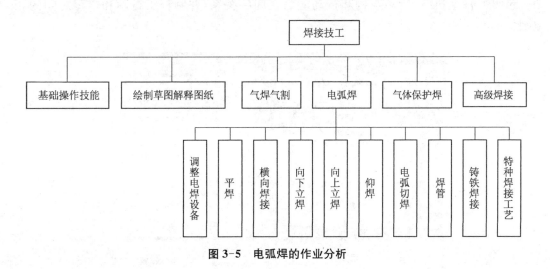

图 3-5　电弧焊的作业分析

(三) 技能知识点

对于每一项作业，根据作业规程及规范要求，将涉及的有关工作场所、工具与机器设备,原料及工作对象,作业方式(或操作方式)质量(产品或服务标准)、安全操作规程、能源与原材料合理利用和环境保护等的技能、知识及行为方式,逐一分类列出,称之为技能知识点。其中作业中劳动者的行为方式包括:①逻辑思维能力(注意力、观察力、记忆力、想象力、思维力);②人际交往能力和与他人合作能力;③语言表达能力。

从职业人员的生理角度考虑,分析结果应分析劳动的强度,即劳动者从事劳动的繁重、紧张和密集程度,主要是从体力劳动强度、工时利用率、劳动姿势、劳动紧张程度、工作班务制方面来评价。由于任何劳动都要付出体力劳动,所以体力劳动强度是最重要的评价因素。体力劳动按强度有小到大可分为轻体力劳动、中等体力劳动、重强度体力劳动、很重强度体力劳动四级。

从职业活动的环境方面考虑,职业分析应考虑粉尘、高温、毒物、噪声、振动、电力辐射等因素。劳动环境是劳动者从事生产劳动的场所和外部环境条件,通过对各种有害因素的测定和分级,可以反映岗位劳动环境条件对劳动者的劳动效率和健康的影响程度。对于不同的环境危害都有相应的分级标准,工作环境必须符合国家相关标准的规定。

三、工作过程分析的结构模型——"完整的行动"模式

近30年来,人类的行动成了研究的焦点,并发展形成所谓的"行动调节理论"。作为人类行动的心理学理论,行动调节理论认为人的行动总是先在大脑中设立一个目标,再细分为几个子目标,并建立一个粗略的计划,然后实施,通过几个连续的步骤来实现目标。换句话说,行动调节理论的核心是研究"想"和"做"之间的关系。这就意味着,任何实际行动都是从思想开始的,正确的行动来自正确的思想。没有目的的行为不能称之为行动。图3-6表明了行动执行、行动结构和行动能力之间的关系,并阐释了行动和学习之间的相关性。

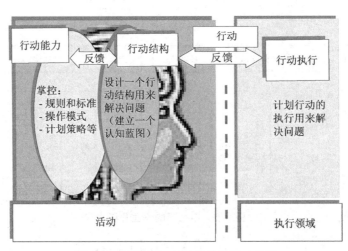

图3-6 行动能力、行动结构及行动执行

由图中可以看出,人的行动开始于建立一个目标并把它细分为行动结构的子目标,对

每一个子目标制订粗略的计划,并取定不同的操作步骤。行动者实施计划并进行思考,通过自身的行动能力寻求帮助知识和经验等,同时从外界获取信息。行动者利用这些能力和信息做出决定:哪一个是最好的计划? 在制订计划和做出决策阶段,学会如何从外界获取信息,体验在这种情境下能够获得和应用哪些能力。

做出决策后就是实施计划,行动者按照计划对子目标和中期结果进行比较。通过比较决定是否有必要改变行动步骤乃至整个计划。在执行—实施阶段,行动者学会对行动的控制,成功的行动步骤(技能)和适当的知识在大脑形成记忆,这将强化实现目标的意志。

在行动的最后,要对结果和计划进行比较:是否考虑到了各种情况? 下次应该做哪些修改? 是否要扩展信息的搜寻范围? 哪些知识和技能得到了有效的运用? 在行动执行的过程中,成功的计划和知识被储存在大脑之中,从而形成行动能力。

以上整个过程即为一个"完整的行动"。一个"完整的行动"及其结果意味着最终在人的大脑中以最佳方式形成"行动能力"。行动能力包括知识(Knowledge)、意志(Volition)、才干(Ability)、感觉(Feeling)四部分。职业行动可以用"完整的行动"模式来表述。

亚里士多德将工作过程分为四个方面:

(1) 最终状况:工作过程的目标,有时会因其他原因而改变;

(2) 劳动对象或材料;

(3) 劳动模式或式样,受物质材料影响的模式或式样;

(4) 动因,方法,工具。

在职业科学领域,工作过程涵盖四个方面:

(1) 工作目标;

(2) 工作对象;

(3) 工具或劳动方法;

(4) 受工作对象影响的工作模式。

工作模式及工作方法受工作对象的影响。工作目标确定了对工作过程其他要素的要求。例如,某木工计划制作一艘船的方向盘,舵手认可方向盘的形状以及对坚固性的要求;接着木工完成一张详图,选择了适合的木料,选用了相应的工具(刨子、锉刀、锯子等),并安排了合理的工序(首先制作把手、轮子和轮辐等部件,然后进行组装)。该木工作为实现工作目标的执行者,指挥并检查了工作过程的各要素。

在企业中,技术工人获得一个任务委托后,需要明确具体的工作任务和目标,并对具体任务做主观的综合性归纳,对任务实施进行规划,充分运用逻辑的工作过程要素,包括工作目标、工具及辅助方式、工作对象和劳动方法,来完成任务(图 3-7)。

四、职业群的确立

职业群是由基础知识(文化基础知识和专业技术基础知识)相同,基本操作技能相通,工作内容、社会作用以及从业者所应具备的素质接近的若干职业构成。

对于若干职业进行职业分析后,获得若干组相应的"技能—知识点"。将要研究的每一

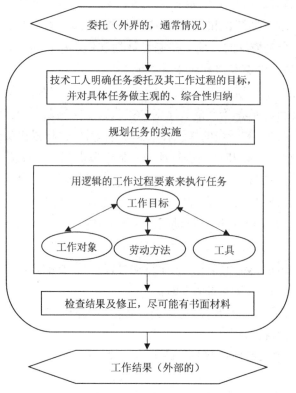

图 3-7　工作过程中的四要素

个社会职业相应的"技能—知识点"置于一个以社会职业岗位为横坐标,以所有"技能—知识点"为纵坐标的体系中去。由于 a_1, a_2, ⋯, a_n 这 n 个职业岗位的技能—知识点重合度比较高,这 n 个职业构成了一个职业群 A;b_1、b_2 这两个职业,由于技能—知识点重合度也高,也构成一个职业群 B,只是职业群的范围小;相对而言,C 职业独立存在。

职业群 A、B 的"技能—知识点"横向分层可以发现它们是由若干个相近的职业岗位组成,其纵向分层可以呈现职业群的若干职业具有相同的文化教育起点和相同的专业技术基础知识,相同的基本操作技能等。到此,已经可以从社会职业 a_1, a_2, ⋯, a_n 归纳出职业群 A,其相应的职业学校教育的学业门类,即专业就综合出来了,如图 3-8 所示。

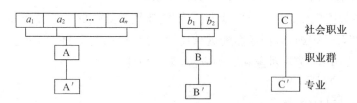

图 3-8　职业与专业的关系

将专业 A′,B′,C′ 相比较可知,一些专业覆盖面、业务范围较宽,如专业 A′;有的专业业务范围较窄,专业覆盖面较窄,如专业 B′;而少数专业则仅针对单一的职业(假定为牙科技师),其职业与专业 C′ 是一一对应的。

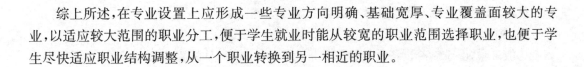

综上所述,在专业设置上应形成一些专业方向明确、基础宽厚、专业覆盖面较大的专业,以适应较大范围的职业分工,便于学生就业时能从较宽的职业范围选择职业,也便于学生尽快适应职业结构调整,从一个职业转换到另一相近的职业。

第三节　建筑环境与设备工程相关技术职业分析

一、制冷设备维修职业分析

(一)制冷设备维修行业现状

随着社会的不断进步,国民经济的快速发展,人民生活水平的不断提高,制冷与空调技术显示出越来越重要的作用,已广泛应用于工业、农业、商业、国防、医药卫生、建筑工程、生物工程、宇宙开发等各个领域。美国机械工程师学会将空调与制冷技术列为 20 世纪 20 项最重大工程技术成就之一。

20 世纪 90 年代初期,我国制冷空调各类生产企业只有 217 家,工业年产值 65 亿元;到 1999 年全行业有一定规模的企业有近 600 家,工业年产值 487.9 亿元;到 2005 年全行业的年产值已接近 2 300 亿元,出口额在 50 亿美元以上。近十多年来,我国制冷空调行业一直保持着平均 30％以上的年增长率,已发展成为世界第二大冷冻空调设备的消费市场和第一大生产国。据相关资料显示,在经历了一段较长时间的高速增长后,在未来的几年内,许多企业面临着新一轮的经营体制转变和产品结构调整等问题,因此行业的年增长率会较过去的高峰时期有所回落,但仍会保持在 15％左右(仍将高于全国工业增长平均速度)。而经过必要的调整之后,中国的制冷空调行业必将迎来新的发展机遇,向着世界制冷空调制造业的强国迈进。

我国制冷与空调行业的发展有两个显著特点:一是社会需求持续增长;二是新技术、新设备的应用和更新不断加快。与此同时,随着制冷与空调设备的大量使用,维护和维修工作量也大大增加,但由于技术培训的滞后性,在制冷与空调设备维护和维修技术力量方面,无论是人员数量还是人员的技术素质上都与其需求相差甚远。

(二)制冷设备维修特点

1. 复杂性

制冷设备的运行过程是一个动态的过程,在不同时段的测试数据是不可重现的,用检测数据直接判断过程中的故障也是不可靠的。因而在对此类设备进行故障排除维修时,其工作过程具有明显的复杂性。

2. 突发性

制冷设备出现故障经常是由于运行不当或其他不可知的原因,其出现故障的时间就变得不可预知,因此在维修方面需要考虑到其事件的突发性。

3. 故障转移性

一般来说,由于制冷设备的机械部分是动作的执行者,从故障表面现象看,如果机器出现不动作,或未按预定工作执行,我们很容易认为是机械部件故障。事实上,机器不动作或未按预定动作执行,多半是由于电子(电气)部分出现了问题。原因可能是电子线路发不出动作指令,造成机械部件不动;电子部件检测到机械部件动作不到位,发出了停止信号,造成机械部件在后续工序出现错误等。因此,其故障维修时经常要考虑到其制冷设备的故障转移性。

4. 其他特点

除上述之外,制冷设备维修还有集成性、融合性、交叉性等特点。

(三) 制冷设备维修工作过程

制冷设备包括很多种不同的类型,如家用电冰箱、家用冷柜和低温箱、制冰机、食品速冻机、商业制冷设备等。不同的制冷设备其维修的工作步骤会有部分差异,但其主要维修的工作过程包括以下几个重要步骤。

1. 开始检测

准备好设备维修需要的工具和材料,开始准备进行检测。

2. 搜集征兆,状态判别

在开始检测后,对制冷设备出现的不同问题进行全部搜集。在搜集过程中要注意按照一定顺序。一般采用以下步骤:

(1)看。观察外形是否完好无损,部件有无损坏、松脱,管道有无断裂,接线有无断开以及热交换器有无结霜、挂霜等情况。

(2)听。即听设备运动中的各种声音,区分运行的正常噪声和故障噪声,如在空调器设备维修中则判断其振动是否过大,风扇电动机有无异常杂音,压缩机运转声音是否正常等。

(3)摸。摸维修设备有关部位,感受其冷热、振颤等情况,有助于判断故障的性质与部位。

(4)测。为了准确判断故障的性质和部位,常用仪器和仪表来检测设备的性能、参数和状态。

3. 故障定位,原因分析

在第2步中通过看、听、摸、测掌握了设备的故障,接下来就是对故障进行定位,分析故障原因。只有明确掌握了故障才能对其原因进行分析,进而采取进一步的措施。

4. 进行决策,维修

在对设备故障原因进行详细分析后,维修者需要进行决策,决定维修方案。

制冷设备进行维修的一般工作过程如图 3-9 所示。

(四) 制冷设备维修工作内容

制冷设备维修工作包括的内容很多,其主要包括以下几个部分。

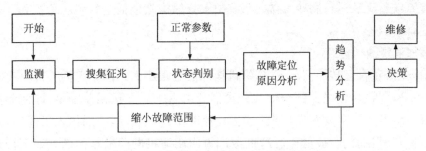

图 3-9 制冷设备维修一般工作过程

1. 主要部件的清洗

维修中需要更换一些制冷系统的主要部件和管路,如果这些部件含有铁锈、砂砾和污垢等杂质,则会使气缸、排气阀、热力膨胀阀等部件堵塞及损坏,因此在更换前必须进行清洗。

2. 管路焊接

制冷系统一般采用铜、铁、铝合金等金属材料,所以管路接口形式就有铜与铜、铁与铜、铜与铝三种。在国内铜与铝相接采用摩擦焊,铝与铝连接采用氩弧焊,铜与铜、铜与钢连接采用气焊。

3. 系统吹污与气密性试验

全面检修或在某些情况下作临时停机检修时,系统在气密性试验或充灌制冷剂前,须用压缩空气将系统中残存的油污、杂质、水分吹除干净。

气密性试验的目的在于确定系统是否有渗漏,一般须作压力试漏、真空试漏与工质试漏。检漏主要用来确定具体的泄漏部位,而试漏主要用来确定系统有无渗漏,为检漏的必要性提供依据,因此检漏与试漏总是配合进行的。

4. 抽真空

制冷系统经过气密性试验和检漏后,必须进行彻底的抽空,才能使装配获得成功。抽空的目的是从系统里排除湿气和不凝气体。制冷系统中如有水分和不凝气体,会对压缩机和整机产生严重影响。

5. 充灌制冷剂

制冷系统抽真空后,就可以充入制冷剂。其分别包括开启式、半封闭式制冷压缩机系统、全封闭式制冷压缩机系统集中不同的充灌制冷剂的方法。

6. 系统中残留空气的排放

在调试已充入制冷剂的系统时,有时会发现排气温度和压力过高,手感冷凝器散热不匀和超出正常温度,而且制冷效果也差,此时可认为是制冷系统中有残留空气存在。空气是不凝性气体,它在冷凝器中不会凝结成液体,因而会给系统造成很不利的影响。这主要是由抽空不彻底和操作有误造成的,所以此时必须将空气放出系统外,才能使系统正常工作。

7. 系统中水分的排除

当制冷系统中含有的水分超过规定值时,首先出现的就是冻堵现象。如不排除系统中水分,制冷系统就无法进行制冷工作。系统中水分的排除包括全封闭压缩机和开式压缩机制冷系统排除两种。

8. 添加润滑油

在制冷系统正常运转的情况下,压缩机耗油量是很小的。曲轴箱内一部分润滑油虽被高压制冷剂蒸汽带出,但绝大部分被油分离器分离出来后又送回曲轴箱,即使无油分离器的小型单级制冷系统,只要蒸发器设计正确,管道安装合理,制冷剂加入量适当,被蒸汽带出的绝大部分润滑油仍会被低压制冷剂蒸汽带回压缩机的曲轴箱内的。如不符合上述要求,则将有相当一部分的润滑油积存在蒸发器内,使曲轴箱内的油面降低。另外,对新安装的系统,在运转时期,某些部件上会留下一定量的润滑油,也会使曲轴箱油面降低,润滑量不足。这种情况下必须添加润滑油,但一次加油量不应过多,过多会引起液击,若发现润滑油经常不足(耗油量大),则是系统有弊病或有故障,应及时彻底检查。

二、暖通空调施工职业分析

(一)暖通空调施工行业现状

近年来,由于建筑业以高于同期国内生产总值6%～8%的速度增长、新兴行业的出现,迅速扩大了对技术人才的需求,同时拓展了急需人才的技术领域。随着国民经济的快速持续发展,作为支柱产业之一的建筑业也得到迅猛发展,暖通空调作为我国建筑使用能耗中耗能较大的行业,在节能环保的大背景下,产品布局正在悄然改变,其新产品、新技术、新材料更是层出不穷。低碳节能已经成为暖通空调产品的基本诉求,其相关企业不断运用先进的科技,提高空调产品的能效等级,开发替代能源和利用再生能源,研制新制冷剂。近年来,采暖市场发展迅速,主要供暖方式有:暖气片采暖、地暖采暖、电热膜辐射供暖等。暖通空调产品则更加注重用户的舒适体验,通过优化产品来改善居家环境。

(二)暖通空调施工特点

1. 项目种类多

建筑工程中的设备安装项目种类繁多,较常见的主要有:电梯、扶梯、中央空调系统、建筑智能化系统、给排水设备、消防设备、高低压配电设备等。

2. 技术发展快

建筑工程项目的发展主要体现在设备的发展上。过去人们的房屋只有几层高,多为砖混结构,设备安装只有简单的供排水系统和民用供电系统,占房建投资比例很小。随着经济的发展,人们的物质生活水平不断提高,对住宅和办公场所的要求也不断提高,先进设备进入了房建工程,如:电梯、扶梯已成为了高层房建工程的主要配套项目;中央空调系统、建筑智能化系统也成为办公及商业建筑的主要设备并逐渐进入普通住宅楼工程。

3. 实施方案多

每一种设备安装项目由于技术的不断发展,出现不同技术并存的局面,使得设备安装项目实施方案众多。例如：中央空调系统就有水冷离心机空调系统、水冷螺杆机中央空调系统、风冷热泵中央空调系统、可变冷媒流量空调系统、冰蓄冷中央空调系统。

电梯设备从建筑上分为有机房与无机房两种，其中有机房又可分为有齿轮和无齿轮，无机房可分为上置主机和下置主机；从控制上分为 VVVF（调压、调频、调速）控制、交通调速控制、交通双速控制。

（三）暖通空调施工工作过程

暖通空调施工需要遵循一定的工作程序，这也是保证施工过程顺利进行的步骤。

1. 施工前准备

在施工前期技术人员要熟悉设计图，再根据需要准备施工时的技术规范和流程，参考有关的专业施工图纸，如有异议要在审议时向工程师提出，并最终经商讨形成一个认可的方案并分析其可行性，确保施工的顺利完成和工程质量。

2. 材料进场检验

对进场施工的建筑材料进行严格的检验，确保质量过关且满足施工要求后方可进入施工现场，必要时对施工材料进行抽检。

3. 施工预留

施工人员进入现场后，要对设计图纸中有关坐标、规格进行核实。有误差的地方要及时通知业主和施工单位，提前做出调整改动，避免施工工作完成后再次返工。

图 3-10 为暖通施工一般流程图。

（四）暖通空调施工工作内容

暖通空调施工的工作内容很多，大致可分为三个方面：施工前准备工作，施工和施工后竣工验收。

1. 施工准备工作

建筑项目施工前的准备工作是保证工程施工与安装顺利进行的重要环节，它直接影响工程建设的速度、质量、生产效率以及经济效益。

施工准备工作是为各个施工环节在事前创造必须的施工条件，这些条件是根据细致的科学分析和多年积累的施工经验确定的。制订施工准备工作计划要有一定的预见性，以利于排除一切在施工中可能出现的问题。施工准备工作不是一次性完成的，而是分阶段进行的。开工前的准备工作比较集中并很重要，随着工程的进展，各个施工阶段、各分部分项工程及各工种施工之前，也都有相应的准备工作。准备工作贯穿于整个工程建设的全过程，每个阶段都有不同的内容和要求，对各阶段的施工准备工作应指定专人负责并逐项检查。

施工准备工作包括以下内容：

（1）熟悉图纸，检查设备合格证和说明书及管口方位图；

（2）熟悉设备布置图和构筑物结构图，掌握安装顺序；

（3）设备的开箱检查、规格尺寸和重量；

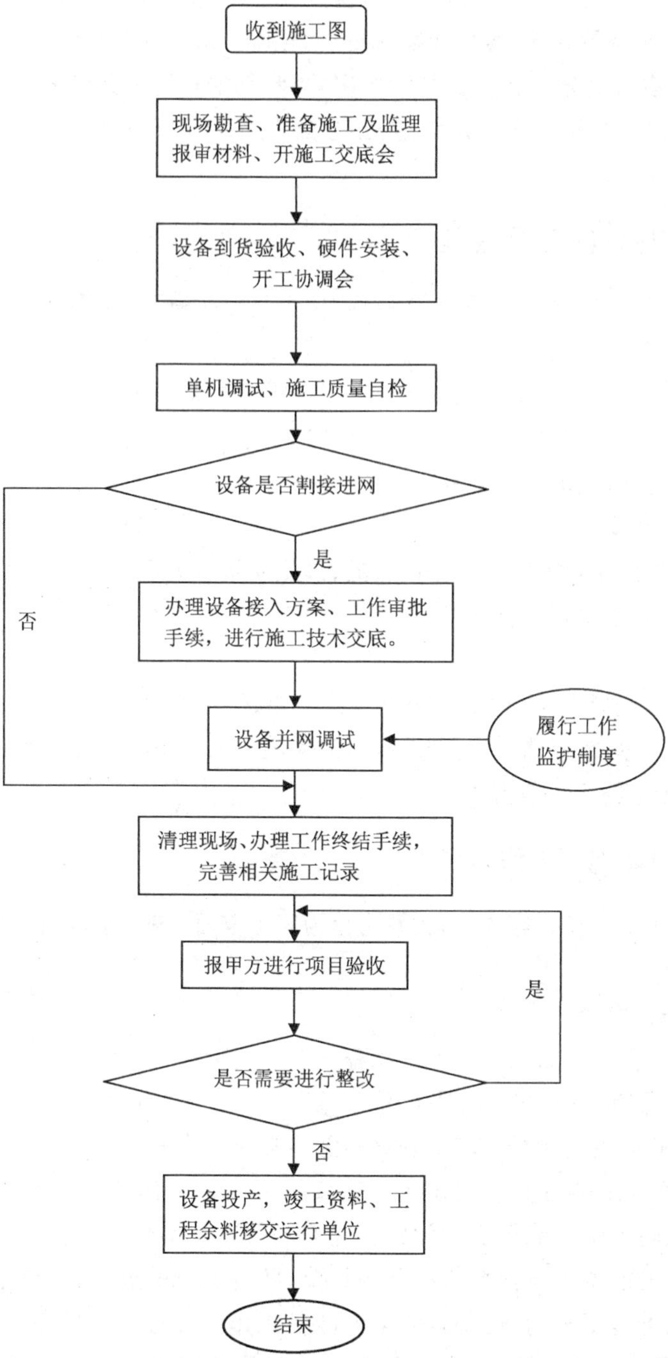

```
                    ┌──────────────┐
                    │   收到施工图   │
                    └──────┬───────┘
                           │
              ┌────────────▼─────────────┐
              │ 现场勘查、准备施工及监理   │
              │ 报审材料、开施工交底会     │
              └────────────┬─────────────┘
                           │
              ┌────────────▼─────────────┐
              │ 设备到货验收、硬件安装、   │
              │ 开工协调会               │
              └────────────┬─────────────┘
                           │
              ┌────────────▼─────────────┐
              │ 单机调试、施工质量自检     │
              └────────────┬─────────────┘
                           │
                    ◇──────▼──────◇
              ┌─────  设备是否割接进网  ─────┐
              │     ◇─────┬──────◇         │
              │           │是               │
              │  ┌────────▼──────────┐      │
              │  │ 办理设备接入方案、工作审批│  否
              │  │ 手续，进行施工技术交底。│     │
              │  └────────┬──────────┘      │
              │           │               ╭────────╮
              │  ┌────────▼─────┐◄─────────│履行工作 │
              │  │ 设备并网调试  │          │监护制度 │
              │  └────────┬─────┘          ╰────────╯
              └───────────┤
              ┌───────────▼──────────────┐
              │ 清理现场、办理工作终结手续，│
              │ 完善相关施工记录          │
              └───────────┬──────────────┘
                          │◄──────────────┐
              ┌───────────▼──────┐        │
              │ 报甲方进行项目验收 │       是
                          │               │
                    ◇─────▼─────◇         │
                  是否需要进行整改 ─────────┘
                    ◇─────┬─────◇
                          │否
              ┌───────────▼──────────────┐
              │ 设备投产，竣工资料、工    │
              │ 程余料移交运行单位        │
              └───────────┬──────────────┘
                          │
                      ╭───▼───╮
                      │  结束  │
                      ╰───────╯
```

图 3-10 暖通施工一般流程

(4) 基础验收，同时作好设备支座尺寸是否与基础预留地脚螺栓相吻合，同时要到现场勘察和测量设备预留孔是否满足设备的接入；

(5) 详细编制施工组织设计并进行审批和技术交底；

(6) 交工技术文件的准备。

2. 建筑设备安装

建筑设备安装在建筑施工活动中耗时最长。任何一个工程项目的施工,它们必须有一定的客观规律,即一系列的施工活动在工程的空间和时间上的统筹安排。要组织好一项工程的施工,施工管理人员和基层领导必须注意了解各种建筑材料、机械与设备的特性,熟悉房屋及构筑物的受力特点、构造和结构,能准确无误地看懂施工图纸,并掌握各种施工安装方法。这样才能做好设备安装的管理工作,才能选择最有效、最经济的方法来组织设备安装。

3. 建筑设备安装的竣工验收

设备安装的竣工验收是指监理工程师根据承包单位提交的竣工验收申请报告,组织业主和设计、施工等单位进行的验收工作。工程项目竣工验收是施工活动的主要阶段,也是施工活动的最后阶段。这一阶段是工程建设向生产转移的必要环节;是全面检验工程建设是否符合设计要求和质量标准的重要环节;也是检查承包合同执行情况,促进建设项目及时投产和交付使用,发挥投资效果的主要环节。

(1) 竣工验收的准备工作

施工单位应做好的准备工作:①及时完成收尾工程;②竣工验收资料的准备;③竣工验收的预验收。

(2) 竣工验收的步骤

一般的小型工程项目,按设计要求和甲、乙双方签订的工程合同所规定的建设内容、工期和质量要求建成后,即可由业主(监理工程师)组织承包单位和设计单位进行正式竣工验收。

(3) 竣工验收的依据

① 上级主管部门批准的设计纲要、设计文件、施工图纸和说明书;

② 设备技术说明书;

③ 招投标文件和工程合同;

④ 图纸会审记录、设计修改鉴证和技术核定单;

⑤ 现行的施工技术验收标准及规范;

⑥ 协作单位协议;

⑦ 有关质保文件和技术资料;

⑧ 建筑安装工程统计规定;

⑨ 对从国外引进新技术或成套设备的项目,还应按照引进技术的国内第一商家与外商签订的合同和国外提供的设计文件等资料进行验收。

三、建筑电气安装职业分析

(一) 建筑电气行业现状

建筑电气是以建筑技术和电气技术为基础,包括强电和弱电两部分,其中,强电系统涉及的内容主要包括：变配电系统(高低压配电系统、变压器、应急电源系统等),动力系统,照明系统,防雷接地系统等;弱电系统包括楼宇自动化系统,消防自动化系统,安保自动化系统,办公自动化系统,通信自动化系统。

现代建筑电气技术虽然是随着建筑业的发展而形成的,但是它具有电气工程的鲜明特征与内涵,在电气工程应用上,综合了电工技术、电子技术、控制技术与信息技术,在一些电气设备中的应用中如此,在近年来发展迅速的智能建筑中更是如此。由于照明在社会活动与个人生活中的重要作用,电气照明技术越来越受到重视。同时,因照明能耗日益增大,提高照明系统的效率也成为电气工程界的研究热点。

(二) 建筑电气安装特点

由于建筑电气工程实体绝大部分埋设在建筑物内或附着固定于建筑物表面,因而在土建施工时要做好预埋、预留工作,预埋包括电线电缆导管和固定支架用预埋钢板或螺栓的预埋;预留是导管或线槽等穿越墙体、楼板孔洞的预留和嵌入墙体安装用的配电箱洞口预留。预埋、预留直接影响日后全面安装的进度和质量,工程质量好可以达到事半功倍的效果,因此要求管理人员和作业人员具有相关的识读土建施工图纸和熟悉土建施工程序的能力。

电气照明工程要与建筑装饰装修配合协调,不能影响装饰效果或污染已完成的工程产品,要切实做好成品保护。

建筑电气工程中的动力工程,尤其是变配电工程,要先于其他建筑设备安装工程完工,并进行通电交工,为其他建筑设备的试运行提供必备条件。

建筑电气工程中的动力工程一般在建筑物主体结构封顶后,土建工程全面粉刷作业时,为建筑电气工程施工高峰的起点,直至装饰装修工程基本结束,建筑电气工程施工转入扫尾阶段。

(三) 建筑电气安装工作过程

建筑电气安装工程是依据设计与生产工艺的要求,依照施工平面图、规程规范、设计文件、施工标准图集等技术文件的具体规定,按特定的线路保护和敷设方式将电能合理分配输送至已安装就绪的用电设备及用电器具上。通电前,经过元器件各种性能的测试,系统的调整试验,在试验合格的基础上,送电试运行,使之与生产工艺系统配套,使系统具备使用和投产条件。其安装质量必须符合设计要求,符合施工及验收规范,符合施工质量检验评价标准。

建筑电气安装工程施工,通常可分为三大阶段,即施工准备阶段,安装施工阶段,竣工验收阶段。图 3-11 为一般建筑电气安装施工工作过程。

1. 施工前的准备工作

施工前准备工作是保证建设工程顺利连续施工,全面完成各项经济指标的重要前提,是一项有步骤、有阶段性的工作,不仅体现在施工前,而且贯穿在施工的全过程。

施工准备工作的内容较多,但就其工作范围,一般可分为阶段性施工准备和作业条件

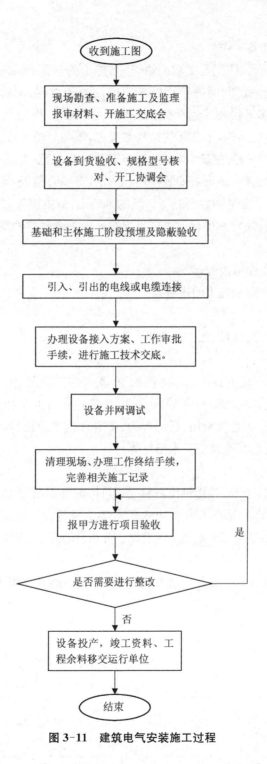

图 3-11 建筑电气安装施工过程

的施工准备。所谓阶段性施工准备是指工程开工前所做的各项准备工作,所谓作业条件的施工准备,是为某一施工阶段,某一分部、分项工程或某个施工环节所做的准备工作,它是局部性的、经常性的施工准备工作。为保证工程的全面开工,在工程开工前应做好以下两方面的准备工作。

1）做好主要技术准备工作

（1）熟悉并会审图纸。图纸是工程的语言，是施工的依据，开工前，首先应熟悉施工图纸，了解设计内容及设计意图，明确工程所采用的设备和材料，明确图纸所提出的施工要求，明确电气工程和主体工程及其他所安装工程的交叉配合，以便及早采取措施，确保在施工过程中不破坏建筑物的结构，不破坏建筑物的美观，不与其他工程发生位置冲突。

（2）熟悉和工程有关的其他技术材料，如施工及验收规范，技术规程，质量检验评定标准及制造厂提供的技术文件，即设备安装使用说明书，产品合格证，实验记录数据表等。

（3）编制施工方案。在全面熟悉施工图纸的基础上，依据图纸并根据施工现场情况，技术力量及技术装备情况，综合做出合理的施工方案。施工方案的编制内容主要包括：

① 工程概况；

② 主要施工方法和技术措施；

③ 保证工程质量和安全施工的措施；

④ 施工进度计划；

⑤ 主要材料、劳动力、机具、加工件进度；

⑥ 施工平面规划。

（4）编制工程预算。根据批准的施工图纸，在既定的施工方法的前提下，按照现行的工程预算编制的有关规定，按分部、分项的内容，把各工程项目的工程量计算出来，再套用相应的现行定额，累计其全部直接费用（材料费、人工费）、施工管理费、独立费等，最后综合确定单位工程的工程造价和其他经济技术指标等。

2）机具、材料的准备

根据施工方案和施工预算，按图做出材料、机具计划，并提出加工订货要求，各种管材，设备及附属品零件等进入施工现场，使用前应认真检查，必须符合国家规定标准，技术力量、产品质量应符合设计要求，根据施工方案确定的进度及劳动力的需求，有计划地组织施工。

2. 组织施工

根据施工方案的确定的进度及劳动力的需求，有计划地组织施工队伍进场。施工基本流程如图 3-12 所示。

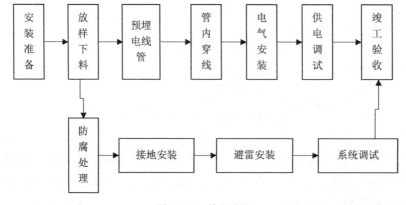

图 3-12 施工流程

3. 建筑电气安装工程的竣工验收

建筑电气安装工程施工结束,应进行全面质量检验,合格后办理竣工验收手续。质量检验和验收工程应依据现行电气装置安装工程施工及验收规范,按分项、分部和单位工程的划分,对其保证项目、基本项目和允许偏差项目逐项进行。

(四)建筑电气安装工作内容

1. 施工准备的内容

(1)图纸会审

图纸会审就是要把在熟悉图纸过程中发现的问题,尽可能地在工程开工前消灭。因此,认真做好图纸会审,减少施工图中的差错,对完善设计,提高建筑电气工程质量和保证施工的顺利进行具有重要意义。

建筑电气施工图图纸会审的重点一般包括以下几个方面:①电气专业图纸及说明是否齐全,电气施工图的平面图与土建图及其他专业的平面图是否相符。②设计图纸的设计内容是否符合设计规范和施工验收规范的规定,是否完善了安全用电的措施,在施工技术上有无困难。③电器设备位置尺寸正确与否,轴线位置与设备间的尺寸有无差错,设备与建筑结构是否一致,安装设备处是否进行了结构处理。④电气施工图与建筑结构及其他专业安装之间有无矛盾,应采取哪些安全措施,配合施工时存在哪些技术问题和解决措施。⑤管路布置方式及管线是否与地面、楼层及垫层厚度相符,配电系统图与平面图之间的导线根数、管径的标注是否正确。

图纸会审纪要的形成与执行图纸会审上要仔细、认真地做好记录,会审时施工单位提出问题由设计单位解答,最后商定的处理意见,施工单位应详细记录,并整理出"图纸会审纪录"。由建筑、监理、设计和施工单位会签盖章后,由建设单位印发给各单位,作为施工图纸的补充和依据,和设计变更具有同等效力。

(2)施工方案编制与审批

施工方案是以单位工程中的分部或分项工程或一个专业工程为编制对象,内容比施工组织设计更为具体、简明扼要。它主要是根据工程特点和具体要求,对施工中的主要工序、保证工程质量及安全的技术措施、施工方法、工序配合等方面进行合理的安排布置。

建筑电气安装是建筑安装工程的分项工程,通常情况下建筑电气工程均由施工单位的电气工程技术人员编制施工方案。施工方案的编制内容包括:①工程概况及特点;②质量管理体系(落实到人);③施工技术措施与电气专业技术交底;④质量保证措施。

施工方案的审批均先由施工单位进行,再由总监理工程师组织专业监理工程师进行,提出审查意见,并经总监理工程师审核,签认后报建设单位。需施工单位修改的,由总监理工程师签发书面意见,退回施工单位修改后再报审,并重新审定。

2. 配电设备安装内容

(1)配电箱安装

配电箱是接受电能和分配电能的中转站,也是电力负荷的现场直接控制器。工程中配电箱型号复杂、数量多,大部分配电箱还受到楼宇、消防等弱电的控制,原理复杂、上下级设置严格。在设计中受各方干扰的情况较多时，会造成设计修改增加，配电箱内的设备和回路修改较多。若电气施工单位在订货时只考虑按蓝图订货而忽视后期修改，在安装时只顾对号入座而不仔细进行技术审核，就满足不了专业功能的要求。监理工程师应对现场的配电箱按设计或修改通知单逐一核对，纠正开关容量偏大或偏小、回路数不够的错误。电气设备的上下级容量配合是相当严格的，若不符合技术要求，势必造成系统运行不合理、供电可靠性及安全性达不到要求，埋下事故的隐患。

（2）配电柜安装

配电装置是电气工程的核心，它如同人的心脏，一旦出了故障，人员和设备就无法正常工作，造成供电可靠性下降，整个工程失去安全感。为此，对配电装置从设备进货到安装调试，都要毫不放松，严格按图施工和验收。建筑物内变压器、高压开关柜、低压开关柜等设备都比较先进，其生产厂家一般较具规模，按常理不会出现技术问题的。但是，在实际工程中，经过认真检查，常常会发现低压开关柜内回路开关的动作整定电流与设计不符，供货的开关大小满足不了要求等现象。因为整定电流是保护下级设备和电缆的动作值，整定电流小，开关容易跳闸、停电；整定电流大，系统出现过载和非金属性短路时开关不跳闸，造成人员和设备的安全事故。施工中来不得半点马虎，在控制过程中应仔细检查，核对图纸，消除事故隐患。

（3）弱电设备安装

建筑物内弱电设备多，专业性强，每个弱电子系统均有专门的技术人员安装调试，监理工程师一般对诸多智能系统不可能都精通，应在抓好线管、线槽施工质量的同时，着重对系统设备的功能进行控制。

四、工程造价职业分析

（一）工程造价行业分析

1. 行业发展现状

改革开放以来，我国的建筑业步入了飞速发展的阶段，现正迎来蓬勃发展的高峰期。目前，建筑业的发展速度高于国民经济的增长率，在国民经济中占据很大的比重，已经逐步成为国民经济的支柱产业。同时，建筑业仍处于一个持续扩展膨胀的行业，不仅每年开工和完工面积增加，行业销售额度提高，从业人数也在不断地增加。

以上海为例，改革开放以来，上海的摩天大楼如雨后春笋般拔地而起，100 米以上的超高层建筑早已屡见不鲜，借着上海建设四个中心——上海国际经济中心、国际金融中心、国际航运中心、国际贸易中心的契机，建筑业蓬勃发展，并且发展速度高于国民经济增长的速度。建筑业涉及范围甚广，故从业人员甚多，作为劳动密集型的行业，建筑业的蓬勃发展伴随着从业人员的同步增加，以满足行业工作的需求。

自 2000 年起，上海市建筑行业的从业人员、建筑业总产值和房屋竣工面积均呈现逐年增长的形势，特别是从业人员总量与建筑业总产量都有大幅地增长。在这蓬勃发展的背后，我们可以看到这是由千千万万的建筑行业从业人员所做出的贡献,其中,造价咨询专业人员也是其中不可缺少的重要部分。根据来自上海市建筑工程咨询行业协会的统计,2010年度造价咨询业务方面营业收入20.68亿元,此后逐年递增,行业从业人员也从四万多开始大幅增加,造价咨询人才在工程建筑过程中发挥着重要作用。

表3-1和3-2是一组摘自《上海市统计年鉴》的有关数据。

表3-1　上海市建筑业(全行业)2007—2010年主要指标

建筑业主要指标	2007年	2008年	2009年	2010年
年末从业人员(万人)	69.33	80.79	88.88	96.09
建筑业总产值(亿元)	2 524.18	3 245.77	3 830.53	4 300.19
房屋竣工面积(万平方米)	6 090.22	5 723.90	5 719.93	6 217.15

表3-2　上海市房屋与土木工程建筑(含造价咨询)企业2008—2010年主要指标

建筑企业主要指标	2008年	2009年	2010年
企业个数(个)	2 784	3 069	3 094
竣工产值(亿元)	1 574.82	2 189.60	2 672.73

由表3-1可以看出,从2007—2010年,上海市建筑行业的从业人员、建筑业总产值和房屋竣工面积均呈现逐年增长的形势,特别是从业人员总量与建筑业总产量都有大幅地增长。

由表3-2可以看出,从2008—2010年,上海房地产与施工企业(包括造价咨询单位)个数也在逐年稳步增加,竣工产值更是大幅增长。

从以上数据可以看出上海市建筑"十一五"规划期间,建筑行业发展迅速,行业产值大幅提高,在这蓬勃发展的背后,是千千万万的建筑行业从业人员所做出的贡献,其中,造价咨询专业人员也是其中不可缺少的重要部分。根据来自上海市建筑工程咨询行业协会的统计,2010年度造价咨询业务方面营业收入20.68亿元,比2009年增加了22.6%,行业从业人员四万多人,比2009年增加了1.9%,造价咨询人才在工程建筑过程中发挥着重要作用。

2. 发展趋势

建筑业的发展情况一定程度上反映了国家经济与社会的发展情况。我国正处于走向发达国家的历史阶段,居民设施、商业设施和基础设施的完善需要国家和社会"大兴土木"方能实现。在这发展的背后,涵盖了众多的行业,创造了巨大的价值,因此,建筑业的发展速度体现了国家的发展速度。而国家与上海建筑业"十二五"发展规划要求建筑业将以略高于国民经济增长率的速度发展,这体现了国家对于建筑业的高度重视。长三角区域,尤其是上海,是我国建筑业最发达的地方,在建筑体量、技术难度和经济效益方面均远远领先于我国其他区域。目前我国建筑业正实行五大战略——走出去战略、总承包战略、人才兴企战略、科技兴企战略、提升管理能力战略,在五大战略目标下,建筑业的发展规模愈发壮大,对人才的需求也将提出更高要求。同时,在五大战略指引下,要顺应行业发展,不断地壮大我国建筑业走向国际,各类专业人才的培养才是关键,这其中就包括了工程造价咨询人才的培养。

(二) 工程造价的特点

由于工程建设产品和施工的特点,工程造价具有如下特点。

1. 工程造价的大额性和模糊性

任何一个建设项目或一个单项工程,不仅实物形体大,而且造价高昂,可以是数百万、数千万、数亿、数十亿,特大的工程项目造价甚至可达百亿、千亿元人民币。另外,工程造价的确定并非简单过程,而是涉及多个阶段、各个方面。经济政策、计算方法和计算依据不同,其数额有着较大不同,即使是同一方法、同一依据,在同一时间,其结果也有差异,因此,可以说工程造价是一个相对不准确的数。正由于它的模糊性,才引起足够的重视。

2. 工程造价的个别性和差异性

建筑产品及其生产的单件性决定了工程造价的个别性和差异性。任何一项工程都有特定的用途、功能、规模,其内部的结构、造型、空间分割等都不同,这种差异决定了工程造价的个别性,同时,同一个工程项目处于不同的区域或不同的地段,工程造价也会有所差异,因而存在差异性。

3. 工程造价的动态性

建筑产品生产周期长、涉及的范围广,决定了工程造价的动态性。一项工程从决策到竣工投产,少则数月,多达数年,甚至十多年,存在许多影响工程造价的不可预测因素,如工程变更、设备和材料价格的涨跌、工资标准以及费率、利率、汇率等的变化,因此工程造价具有动态性。

4. 工程造价的广泛性

建筑产品生产周期长、涉及的范围广,决定了工程造价的广泛性和复杂性。由于影响工程造价的因素复杂,涉及土地使用、人工、材料、施工机械等多个方面,需要社会的各个方面协同配合,所以具有广泛性的特点。

5. 工程造价的层次性

工程造价的层次性取决于工程的层次性。建设项目往往由多个单项工程组成,一个单项工程由多个单位工程组成,一个单位工程由多个分部工程组成,一个分部工程由多个分项工程组成。这决定了构成工程造价的 5 个层次:最基本的造价单位(分项工程造价)、分部工程造价、单位工程造价、单项工程造价和建设项目造价。

6. 工程造价的阶段性

工程造价的阶段性十分明确,在不同建设阶段,工程造价的名称、内容、作用是不同的,这是长期大量工程实践的总结,也是工程造价管理的规定。

工程造价涉及国民经济各部门、各行业,涉及社会再生产中的各个环节,也直接关系到人民群众的居住条件,所以它的作用范围和影响程度都很大。建设工程造价是项目决策的依据,是制订投资计划和控制投资的有效依据,是筹集建设资金的依据,是评价投资效果的重要指标,是合理利益分配和调节产业结构的手段。

(三) 工程造价的过程

所谓工程项目造价的全过程控制,就是在优化建设方案、设计方案的基础上,在建设程序的各个阶段,采用一定方法和措施把工程项目造价的产生控制在合理的范围和核定的造价限额以内,并随时纠正发生的偏差,保证项目管理目标的实现,以求在工程建设的各个阶段都能合理使用人力、物力和财力,从而取得良好的投资效益和社会效益。

1. 建设项目投资决策阶段

建设项目投资决策是选择和决定投资行为方案的过程,是对拟建项目的必要性和可行性进行技术经济论证,对不同建设方案进行技术经济比较及做出判断的决定工程。建设项目投资决策对项目建设的成败、工程造价的高低以及投资效果的好坏都有着重要的影响,正确的决策是做好工程项目造价控制的前提条件。

2. 建设项目设计阶段

在项目做出投资决策后,控制工程造价的关键就在于设计。设计费虽然只占整个工程造价很小的一个部分,但它对工程造价的影响却至关重要。合理的工程设计不仅可以保证项目工程的切实可行,提高项目工程的可行性,还可以提高项目工程的质量,降低工程项目的造价。

3. 建设项目实施阶段

(1)招标投标阶段:推行建设工程招标投标是控制建设项目实施阶段工程造价的有效手段,因此,做好招标投标工作就显得尤为重要。

(2)施工阶段:施工阶段由于建设费用基本已经确定,造价节约的余地已经很小,但浪费的可能性却很大,因而要对工程造价的控制给予足够的重视。

4. 加强对施工方案的技术经济比较

施工方案是工程项目建设中的一项重要工作内容。合理的施工方案对提高工程质量、缩短工期以及提高资源利用率都有着重要的作用,所以,在选择施工方案时要进行多方面的比较分析,特别是在技术上和经济上进行对比评价。通过对质量、工期和造价的比较分析,就可以合理有效地利用有限的人力、物力和财力,取得良好的经济效益,从而有效地控制工程造价。

5. 做好材料与设备的管理工作

材料与设备占整个工程造价的 76% 以上,因此,做好材料和设备的管理工作,对有效地控制工程造价有着至关重要的作用。首先,做好材料与设备的采购工作。在采购材料设备时可以采取市场询价和招投标等方式,这样既可以保证材料设备的质量,也可以把材料设备的价格控制在一定范围内。其次,做好材料设备的管理工作。在工程施工过程中,有些施工单位对定价材料偷梁换柱、挪用工程款,这就需要加强对材料设备的管理,防止这些现象的发生,从而保证材料设备正常供应与使用。

6. 健全设计变更审批制度

在施工阶段如果要变更设计,应该尽量提前变更,因为越早变更,项目工程的损失就越小,此外,在变更设计中,还必须进行工程量及其造价的增减分析,切实避免通过变更设计来提高设计标准和工程造价的情况发生,把造价控制在业主可以接受的范围内。

7. 做好工程竣工结算的审核工作

工程竣工结算是指施工企业按照合同规定的内容全部完成所承包的工程,经验收质量合格,并符合合同要求之后与建设单位进行的最终工程价款结算。做好工程竣工结算应该要做好以下几个方面。首先,审核工程量的准确性,以防止施工单位在工程竣工结算上虚增工程量来增加工程造价。其次,审查各项收费标准是否符合费用定额和施工期间有关工程造价政策规定。最后,做好工程材料价款的结算审核,审核施工单位是否按照规定来计算材料差价。做好工程竣工后的结算审核工作不仅可以保证工程的质量,更可以控制工程造价,把造价控制在预算范围之内。

(四) 工程造价的内容

工程造价的基本内容就是合理确定和有效控制工程造价。

1. 工程造价的合理确定

所谓工程造价的合理确定,就是在建设程序的各个阶段,合理确定投资估算、概算造价、预算造价、承包合同价、结算价、竣工决算价。建设程序和各阶段工程项目造价确定如图 3-13 所示,其主要内容如下:

(1) 在项目决策阶段,根据拟建项目的功能要求和使用要求,做出项目定义,包括项目投资定义,并按照项目规划的要求进行投资估算,将投资估算的误差率控制在允许的范围之内。

(2) 在初步设计阶段,运用标准设计方法、价值工程方法、限额设计方法等,以可行性研究报告中被批准的投资估算为工程造价目标书,控制初步设计。如果设计概算超出投资估算(包括允许的误差范围),则应对初步设计进行调整和修改。

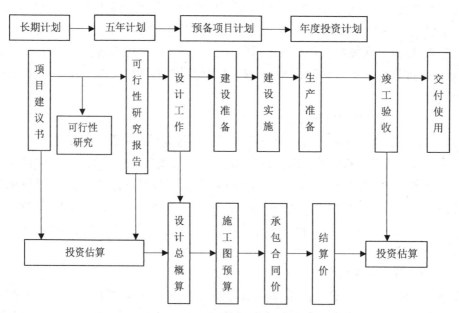

图 3-13　建设程序和各阶段工程造价确定

(3) 在施工图设计阶段,应以被批准的设计概算为控制目标,应用限额设计、价值工程等方法,以设计概算控制施工图设计工作的进行。如果施工图预算超过设计概算,则说明

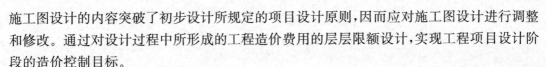

施工图设计的内容突破了初步设计所规定的项目设计原则,因而应对施工图设计进行调整和修改。通过对设计过程中所形成的工程造价费用的层层限额设计,实现工程项目设计阶段的造价控制目标。

(4)在施工准备阶段,以工程设计文件(包括概、预算)为依据,结合工程施工的具体情况,如现场条件、市场价格、业主的特殊要求等,编制招标文件,确定标底,选择合适的合同计价方式,确定工程承包合同的价格。

(5)在施工阶段,以施工图预算、工程承包合同价等为控制依据,通过工程计量、控制工程变更等方法,严格按照承包方实际完成的工作量,确定施工阶段实际发生的工程费用。以合同价为基础,同时考虑由物价上涨所引起的造价提高,以及设计中难以预计而在施工阶段实际发生的工程和费用,合理确定工程预算,控制实际工程费用的支出。

(6)在竣工验收阶段,全面汇集在工程建设过程中实际花费的全部费用,编制竣工结算,如实体现建设项目的实际工程造价,并总结分析工程建设的经验,积累技术经济数据和资料,不断提高工程造价管理水平。

2. 工程造价的有效控制

所谓工程造价的有效控制,就是在优化建设方案、设计方案的基础上,在建设程序的各个阶段,采用一定的方法和措施把工程造价的发生控制在合理的范围和核定的造价限额以内,随时纠正偏差,以保证项目管理目标的实现,力求在建设项目中合理使用人力、物力、财力,取得较好的投资效益和社会效益。

第四章

工作过程导向的课程方案开发

第一节　工作过程导向的课程方案开发方法

一、"学习领域"的提出与发展

德国在职业学校教育提出的"学习领域"方案,是以工作过程导向的课程方案取代沿用多年的以分学科课程为基础的综合课程方案,是自20世纪90年代以来,德国对职业学校课程模式进行的一次重大改革尝试,是各州文化教育部门应对市场要求,调整职业学校教学目标、教学内容与教学方法,以适应经济社会发展要求的重要举措。其基本动因在于企业发展对人才要求变化的驱动;其理论意义在于探索重构职业教育学的新理念,即突破职业学校以专业体系为导向的职业教学法,实施以职业性任务和行为过程为导向的学习方法;其现实意义在于提高"双元制"职业教育体系的有效性,使职业学校教学进一步发挥好配合企业实践教学的功能。

"学习领域",是在面向21世纪的德国"双元制"职业教育改革中诞生的一种新的课程方案,或称课程模式。"学习领域"是两个德文单词Lernen(学习)与Feld(田地、场地,常转译为领域)的组合,同Lernfeld的中文意译。

"学习领域"课程方案的出台,要追溯到20世纪90年代在全德进行的一场大辩论:面对21世纪知识社会的挑战,在企业职业教育现代化的进程加快,企业中与工作一体化的学习态势增强,基于终生教育的企业继续教育日益扩展的情况下,职业学校的教育怎么办?当欧洲职教白皮书推崇"模块化"课程模式,德国工商行会随之提出核心基础资格加补充专长资格的"卫星型"课程模式之时,培训企业的实践教学与职业学校的理论教学既分离又合作的"双元制"课程是否适应新世纪的需要? 通过激烈的辩论,极富思辨传统的德国社会,教育界、经济界、科技界以及雇主协会获得共识:德国职业教育面临着自1969年颁布《联邦职业教育法》以来的"第二次教育改革"压力,要使"双元制"在新世纪仍然具有强大生命力,职业学校的教育必须改革。除了要进行职业学校机构外的"大环境",即有利于职业学校发展的,包括法律、职能、政策方面的外部框架条件的改革外,还必须在职业学校机构内的"小环境",即对教学过程,特别是课程开发实施根本性改革,才能对机构外的改革予以强力支持。

负责制定德国职业学校课程标准的德国各州文教部长联席会议常设秘书处,在坚持德国职业教育历来主张的职业性、发展性、过程性、行动性及反思性的理性思维的基础上,于1996年5月9日颁布新的课程《编制指南》(全称《职业学校职业专业教育框架教学计划编制指南》),用所谓"学习领域"的课程方案取代沿用多年的以分科课程为基础的综合课程方案。这在指导思想上不同于学习内容分割的模块化而追求其集成化的课程方案,是自20世纪90年代以来,德国对职业学校课程模式进行的一次重大改革尝试。自1996年改革序幕拉开至2003年改革深入,8年来经历了传统与现代的激烈碰撞、理论与实践的严肃检验,尽管对作为课程标准的"课程指南"做了三次重大修订,但改革目前依然还在进行中。

德国各州文教部长联席会议制订的适用于职业学校框架教学计划,即国家课程标准包括五个部分:第一部分为"绪论",主要阐述课程标准的意义;第二部分为"职业学校的教育任务",主要阐述职业学校的教育目标、教学文件、教育原则和能力目标;第三部分为"教学论原则",主要阐述基于学习理论及教学论的教学重点;第四部分为"与培训职业(专业)有关的说明",主要阐述该专业的培养目标、课程形式、教学原则和学习内容,特别指跨专业的学习目标(通用目标)与本专业的学习目标均采用"学习领域"加以规范;第五部分为"学习领域",列举本专业全部学习领域的数量、名称、学时,描述其中每一个学习领域的目标、内容和学时。

根据德国各州文教部长联席会议的定义,所谓"学习领域",是指一个由学习目标描述的主题学习单元。一个学习领域由能力描述的学习目标、任务陈述的学习内容和总量给定的学习时间(基准学时)构成。

从"学习领域"课程方案的结构来看,一般来说,每一个培训职业(即专业)的课程由10～20个学习领域组成,具体数量由各培训职业的情况决定。组成课程的各学习领域之间没有内容和形式上的直接联系,但在课程实施时要采取跨学习领域的组合方式,根据职业定向的案例性工作任务,采取行动导向和项目导向的教学方法。

从"学习领域"课程方案的内容来看,每一个"学习领域"均以该专业相应的职业行动领域为依据,作为学习单元的主题内容是职业任务设置与职业行动过程取向的,以职业行动体系为主参照系。由于所学内容既包括基础知识也包括系统知识,因此也不完全拒绝传统的学科体系的内容,允许学科体系的"学习领域"存在。目标描述表明该"学习领域"的特性,内容陈述则使"学习领域"具体化、精确化。目标描述的任务是学生通过该"学习领域"学习所应获得的结果,用职业行动能力来表述;而内容陈述具有细化课程教学内容的功能;总量给定的学习时间(基准学时)可安排灵活。一个"学习领域"的教学内容,可以在各个年级的学年安排,也可在整个学制的年限内实施,以利采取跨学科的、跨学年的,如普通文化课与职业专业课的整合教学组织形式。

按照德国职教课程专家巴德教授和谢费尔的诠释,学习领域是建立在教学论基础上,由职业学校实施的学习行动领域,它包括实现该专业目标的全部学习任务,通过行动导向的学习情境使其具体化。采用职业能力表述的学习目标不是封闭性而是开放性的,与该专业有关的职业行动领域及其任务设置是构建该学习领域里学习内容的基本成分。

学习领域课程开发的基础是职业工作过程,由与该专业相关的职业活动体系中的全部职业行动领域导出学习领域并通过适合教学的学习情境使其具体化的过程,可以简述为"行动领域—学习领域—学习情境"。学习领域的最大特征在于不是通过学科体系而是通过整体、连续的"行动"过程来学习。与专业紧密相关的职业情境成为确定课程内容的决定性的参照系。迄今为止,采用分科课程传授的细节知识,在学习领域的课程方案中是通过具体的学习行动领域,即采用问题关联的教学、案例教学来实现的。这一课程方案有利于实现行动导向的考试和考核。

学习领域课程的开发与实施具有以下几个显著特征：

（1）构建理论是"学习领域"课程方案的教育理论基础。从学习理论和教学论的观点看，职业教育的教学过程呈现出针对职业行动领域实施整体学习的特点。由于各个职业行动领域所需的基础教学内容和专业教学内容存在很大差异，因而根据实际的职业行动领域开发的课程方案，其相应的课程成分，包括课程内容和课程结构，也可能是完全不同的。而且，与职业行动领域的工作过程紧密相关的学习领域，以及在教学过程中由各个教师构建的学习情境也将具有"校本特色""师本特色"。同时，学生在学习过程中自我构建的知识体系或经验体系也各不相同。学校课程安排将不再受传统"学年制"的限制，可以更多地按照整个学习年限予以综合和弹性的考虑。鉴于此，为确保职业教育的基本要求和课程的国家标准一致，德国各州文教部长联席会议在1999年修订"编制指南"时建议，应由国家颁布一定数量的职业行动领域，作为构建"学习领域"的课程内容和课程结构的基础。

（2）行动导向是"学习领域"课程方案的教学实施原则。20世纪90年代初开始在德国已延续十多年的讨论及实践证明，无论是从教学论的理论层面，还是从教学实践的操作层面，行动导向的教学都被认为是将专业学科体系与职业行动体系实施集成化的教学方案，是德国职业学校教学改革的新的一页。这一方案尽管可以通过广泛地采用不同的教学方法和教学组织形式来实现，但其基本原则是"行动导向"，即针对与专业紧密相关的职业"行动领域"的工作过程，按照"资讯—计划—决策—实施—检查—评估"完整的"行动"方式来进行教学。

（3）职业学校是"学习领域"课程方案的开发实施主体。德国早在1991年3月15日关于职业学校任务的框架协议里就指出，职业学校承担着对"双元制"的另"一元"——企业具体的工作情境实施"教学论校正"的任务。1997年，各州文教部长联席会议对1996年出台的"编制指南"再次进行修订后指出：职业学校是一个独立的学习地点，与专业有关的学习目标，不应简单地、直接地取自培训企业所使用的、联邦政府制订的"培训框架计划"，而应根据职业学校的任务，以具有职教特色的专业性视角，紧密结合职教的学习过程加以考虑。为此，职业学校的课程，特别是跨专业的职业能力，如方法能力、社会能力的培养，在内容选择和方法应用层面，都应有相对的独立性。在职业教育的专业教学中，应对那些非技能性的教育内容采取课程综合的方案。特别是在课程具体实施时从"学习领域"向"学习情境"的转换过程中，职业学校应成为主体。这与国际上"校本课程"的发展趋势是同步的。

二、工作过程导向的课程方案开发的基本思路

工作过程导向课程方案开发的基础是职业工作过程。其基本思路是，由与该教育职业的职业行动体系中的全部职业"行动领域"导出相关的"学习领域"，再通过适合教学的"学习情境"使之具体化。开发的基本路径可简述为"行动领域—学习领域—学习情境"，如图4-1所示。

工作过程导向的四个基本概念如下。

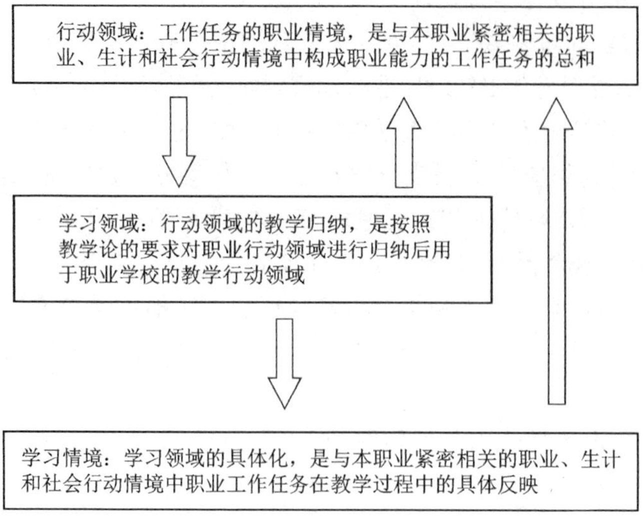

图 4-1 "学习领域"课程方案开发的基本思路

1. 工作过程

所谓工作过程，是"在企业里完成一件工作任务并获得工作成果而进行的一个完整的工作程序"，"是一个综合的、时刻处于运动状态但结构相对固定的系统"。广义的工作过程是指在实现确定目标的生产活动和服务的顺序，狭义上是指向物质产品产生。

2. 行动领域

行动领域指的是一个综合性的任务，是在职业、生活和社会的行动情境相互关联的任务集合，一般以问题的形式表述。体现了职业的、社会的和个人的需要，职业教育的学习过程应该有利于完成这些行动情境中的任务。

3. 学习领域

在职业教育中，学习领域是一个跨学科的课程计划，是案例性的、经过系统化教学处理的行动领域。德国各州文教部长联席会议对学习领域的定义：一个由学习目标表述的主题学习单元。一个学习领域课程由能力描述的学习目标、任务陈述的学习内容和总量给定的学习时间三部分组成。由于学习领域不是按照学科体系，而是按照实际工作行动的工作过程编排，学习目标描述以及内容选择与职业行动本身有着密切的关系。

4. 学习情境

学习情境是一个案例化的学习单元，是组成"学习领域"课程方案的结构要素，它把理论知识、实践技能与实际应用环境结合在一起，是课程方案在职业学校学习过程中的具体化。作为具体化了的学习领域，学习情境因学校、教师而异，具有范例性。实际上，学习领域是课程标准，而学习情境则是实现学习领域能力目标的具体课程方案。

行动领域、学习领域、学习情境以及学科系统化课程的关系如图 4-2，图 4-3 所示。

从图 4-2，图 4-3 中可以看出，学习领域是行动领域的教学化处理，学习情境是学习领域的具体案例，在特殊情况下，并不排斥学习领域发展成为一个学科系统化的课程单元。

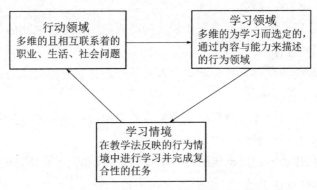

图 4-2 行动领域、学习领域和学习情境

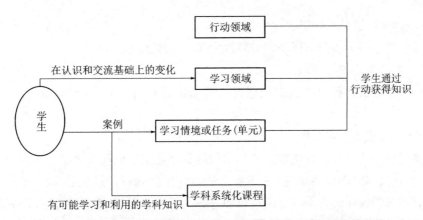

图 4-3 行动领域、学习领域以及学习情境与学科系统化课程的关系

三、工作过程导向的课程方案开发的步骤

课程的开发步骤,如图 4-4 所示。

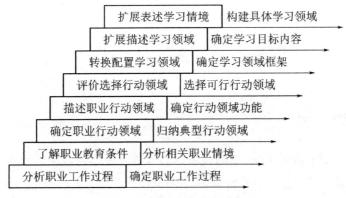

图 4-4 "学习领域"课程方案开发的八个步骤

第一步,分析职业工作过程。

本步骤主要是了解和分析该教育职业相应的职业与工作过程之间的关系。

第二步,了解职业教育条件。

本步骤主要是调查和获得该教育职业在开展职业教育时所需要的条件。

第三步,确定职业行动领域。

本步骤主要是确定和统计该教育职业所涵盖的职业行动领域的数量和范围。

第四步,描述职业行动领域。

本步骤主要是描述和界定所确定的各个职业行动领域的功能、所需的资格或能力。

第五步,评价选择行动领域。

本步骤主要是评价所确定的行动领域,以此作为学习领域的初选标准及相应行动领域选择的基础。

第六步,转换配置学习领域。

本步骤主要是将所选择的行动领域转换为学习领域配置。

第七步,扩展描述学习领域。

本步骤主要是根据各州文教部长联席会议指南的内容,对各个学习领域进行扩展和描述。

第八步,扩展表述学习情境。

本步骤主要是通过行动领域定向的学习领域具体化来扩展和表述学习情境。

从"学习领域"到"学习情境"的转换应由职业学校教师以团队工作的形式完成。这一过程既是对学习领域在教学论和方法论层面进行的校本性处理,又是对学习领域课程在内容层面进行的具体化处理,通过这一转换进一步设计范例性的学习情境,可采用项目、任务、案例等具体的方案来实现。其基本开发步骤为:①列举本教育职业的全部"学习领域";②整理本教育职业的全部"能力开发一览";③初选本教育职业可能的"学习情境";④设计本教育职业的"学习情境"。

在这里,学习情境的校本开发实际上就是传统意义的课程开发,也是教材开发的基础。要完成这一任务,对学校和教师的要求都极高。

第二节　课程方案开发案例一——"制冷设备维修工"培养课程教学内容开发

一、分析岗位现状

在当前科学迅速发展的今天,制冷设备维修成为一种不可或缺的技术手段,保证了制冷设备能够正常运行。随着社会经济发展,家用制冷设备的购买和使用越来越普遍,就业市场中家用制冷设备安装及维修人员的需求量呈增长趋势。由于制冷技术在我国的发展时间不长,制冷设备维修的技术有待提高。因此,制冷设备的维修应该引起广大维修人员的高度重视。制冷设备维修职业表现出以下不足:

（1）设备维修专业技术人才缺乏,维修人员技术参差不齐,对维修设备、修复工艺了解不够全面。

（2）设备使用单位与维修单位分离,信息反馈不及时,沟通有误差。

（3）设备使用单位和维修单位人员的观念不统一,利益上有冲突。

（4）维修单位维修质量参差不齐,难以控制。缺少专门维修水平评估、检查和监督机制。

（5）维修技术人员素质有待加强,维修质量普遍不高。

（6）维修周期较长,服务质量较差,存在维修资料不全、维修量大、配件供应不及时且质量太差等问题。

二、了解职业教育背景

中职学校"制冷设备维修"课程重点介绍电冰箱、空调器的结构、原理与维修,是一门实践操作性很强的应用型课程,与实际生产生活密切相关。课程本身极具实用性和趣味性,很容易激发学生的学习兴趣,培养学生的实践能力和创新精神,提高学生的综合素质。这门课程培养的目标是使学生理解掌握一些制冷设备的结构及其工作原理,对于实操方面能掌握最基本的维修技能,如制冷系统的一些维修技能:抽真空、加注制冷剂、移装空调等。对于最基本的电控系统方面原理和接线也要掌握,如典型家用冰箱空调的控制线路的检测及接线等。对于如何使具有初中文化知识甚至更低基础知识的技校生既能掌握制冷理论知识,又能掌握基本的制冷维修技能至关重要。

三、确定"制冷设备维修工"职业行动领域

根据制冷设备维修工的岗位条件和对职业教育条件的了解,可以确定制冷设备维修工的主要职业行动领域如下:

1. 对制冷设备进行运行、维修基本操作;
2. 使用常用仪器仪表及维修工具;
3. 识读制冷设备系统内部电路图;
4. 对家用电冰箱、小型空调器等制冷设备进行故障检查;
5. 对家用电冰箱、小型空调器等制冷设备进行故障判断;
6. 对家用电冰箱、小型空调器等制冷设备进行故障维修;
7. 能检修制冷设备控制系统的电气执行机构;
8. 能检修制冷设备控制系统的触电式控制器及传感器;
9. 能区分制冷系统故障和电气控制系统故障。

四、描述"制冷设备维修工"职业行动领域

1. 具备一定的设备识图、测图与读图的能力；
2. 具备制冷制热技术和空气调节基础知识；
3. 具备制冷设备维修工必须掌握的基本操作技能；
4. 具备仪器仪表和专用工具的使用能力；
5. 具备家用电冰箱的故障检查能力；
6. 具备小型空调器及其他典型制冷设备的故障检查能力；
7. 具备家用电冰箱、小型空调器及其他典型制冷设备的故障判断、维修技术及能力。

五、转换配置学习领域课程并进行扩展（表4-1）

表4-1 制冷设备维修工学习领域课程

序号	学习领域	描述学习领域
1	文化基础及职业指导	1. 文化基础课的学习，包括语文、数学、英语、物理、化学及综合文科； 2. 职业道德与职业指导； 3. 法律基础知识经济与政治基础知识； 4. 哲学基础知识； 5. 计算机应用基础； 6. 体育与健康
2	制冷系统管路制作	1. 钳工工具的使用； 2. 气焊工具与设备的使用； 3. 铜管焊接技术
3	电冰箱综合检修	1. 电冰箱结构与工作原理； 2. 电工工具与仪表的使用； 3. 系统常见故障识别方法； 4. 检漏、抽空、充氟操作
4	分体式空调器的安装调试	1. 分体式空调器结构； 2. 安装位置选择； 3. 室内、室外机组安装； 4. 配管连接与管线包扎； 5. 排空气、检漏、运行调试
5	空调器制冷系统检修	1. 把系统内氟里昂收入钢瓶； 2. 拆下坏的、焊上好的过滤器； 3. 检漏、抽空、充氟试机； 4. 检测运行电流和低压压力； 5. 检查制冷效果； 6. 调整充氟量
6	空调器电控系统检修	1. 电源电路的故障现象以及故障排除方法； 2. 振荡电路的故障现象以及故障排除方法； 3. 复位电路的故障现象以及故障排除方法； 4. 遥控接收电路的故障现象以及故障排除方法； 5. 温度检测电路的故障现象以及故障排除方法

六、扩展表述学习情境

形成学习情境,具体参见本书第五章相关教学法案例。

第三节　课程方案开发案例三——"暖通空调工程施工员"培养课程教学内容开发

一、分析岗位现状

在现代社会发展过程中,经济水平的提高使得人们对居住环境、商业环境、工作环境的要求也不断提高。为了满足人们对环境的需求,现代暖通空调行业必须针对绿色节能建筑需求进行新技术、新材料的研发与应用。但是,受传统暖通空调企业技术研发力量薄弱、研发成本过高等因素影响,我国暖通空调企业的新技术研发速度极为缓慢。即使市场销售宣传中所描述的节能技术也仅仅是通过变频技术实现空调运行能力的调节。在我国节能减排社会构建中,暖通空调技术必须加快自身技术的发展,以此适应现代社会节能需求。

改革开放四十多年来,我国建筑业得到了持续快速的发展。随着市场经济的发展,建筑施工企业面临着激烈的市场竞争。加入 WTO,在给中国建筑业带来难得的发展机遇的同时,也带来了不可避免的冲击和挑战。要直接面对国际承包商的竞争,国内建筑市场以及参与国际工程承包市场的竞争将会愈发激烈。这对一线人员的素质也提出了较高的要求。

作为劳动密集型行业,建筑行业提供了大量的就业机会。目前,建筑业的从业人员已达到 4 100 多万人,约占全社会从业人员的 5％,至少直接影响到全国 1 亿多人口的生存和生活质量。建筑业不仅直接拉动了国民经济增长,同时吸纳了城镇化及农村结构调整所转移的大量劳动力,缓解了就业压力,有力地支持了社会主义新农村建设和"三农"问题的解决。因此,建筑行业运行的良好与否对中国的经济发展和社会稳定有十分重要的意义。

改革开放以来,中国每年开工的建筑面积保持在 20 亿平方米。2011 年,中国建筑业总产值 11 万亿元,占了中国 GDP 总量 47 万亿元的 25％。中国建筑设计企业年营业收入超过 1 万亿元。中国建筑业带动了多个行业和产业的发展,为国民经济增添了活力。如今,大部分新建建筑离不开供热、通风、空调等各种改善建筑环境的设备,就连中国的南方地区,近几年也开始热烈讨论南方的供热问题。所有这一切,离不开高素质的从业人员,建筑环境与设备工程相关专业人员,尤其是暖通空调施工员可以在建筑业发挥重要作用。

二、了解职业教育背景

一个专业的创建与发展无法脱离社会的需求。除了本科教育外,还需要大量的技术人

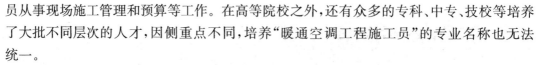

员从事现场施工管理和预算等工作。在高等院校之外,还有众多的专科、中专、技校等培养了大批不同层次的人才,因侧重点不同,培养"暖通空调工程施工员"的专业名称也无法统一。

因为建筑给排水的需要,哈尔滨工业大学于1950年开设了卫生工程专业。1952年,学校正式成立供热、供燃气与通风工程五年制本科专业,该专业为全国各学校培养了第一批师资力量。

同济大学在1952年曾设立过建筑设备专科专业,学制两年,属于建筑系,是暖通专业的雏形,主要是为建筑设计培养配套人才。

重庆建筑专科学校(现归重庆大学职教学院)曾设立过水暖与通风专业,学制两年,主要为中建总公司各工程局输送暖通施工技术人员,其职业教育的特征已非常明显。其他纺织、矿山、水产类大专院校也有过不同层次、不同侧重点的办学经历,职业教育的规模逐渐成熟,职业名称也各有不同。

20世纪80年代之后,随着我国国民经济的持续发展,人民生活水平的不断提高,公众对公共和居住环境的舒适度要求不断提高。空调的应用范围迅速扩大,建筑与暖通空调业的关系越来越密切,这一切给建筑环境与设备专业提供了良好的发展前景。

表4-2是我国目前为培养"暖通空调施工员"而开设建筑环境与设备工程类专业的职业技术学校。从名称上可以看出,大部分还是沿用了传统的"供热通风与空调工程技术"专业名称。

表4-2 我国开设建筑环境与设备工程相关专业的职业学院一览

学校	专业名称
成都纺织高等专科学校	供热通风与空调工程技术
徐州建筑职业技术学院	供热通风与空调工程技术
四川建筑职业技术学院	供热通风与空调工程技术
黑龙江建筑职业技术学院	供热通风与空调工程技术
天津工业大学高等职业技术学院	制冷与低温工程
顺德职业技术学院	制冷与空调技术
武汉市燃气热力学校	天然气工程与暖通
山西建筑职业技术学院	供热通风与空调工程技术
内蒙古建筑职业技术学院	供热通风与空调工程技术
辽宁建筑职业学院	供热通风与空调工程技术
广西建设职业技术学院	城市燃气工程
承德工业学校	智能楼宇一体化工作站;空调制冷工作站
德州职业技术学院	电气工程系:楼宇智能化工程技术
北京金隅科技学校	机电工程类:楼宇智能化设备安装与运行

（续表）

学校	专业名称
贵州省电子工业学校	机电工程系：暖通设备安装及维修
桂林理工大学（高等职业技术学院）	楼宇智能化工程技术
广西商业学校	楼宇智能化技术
北京城市建设学校	楼宇智能化技术专业；供热通风与空调
东莞理工学校	楼宇智能化设备安装与运行
福州建筑工程职业中专学校	楼宇智能化设备安装与运行
贵州省建设学校	楼宇智能化设备安装与运行
广西城市建设学校	楼宇智能化设备安装与运行
福建省三明市农业学校	楼宇智能化工程技术
河北城乡建设学校	城建系：给排水暖通
江苏省通州中等专业学校	机电类：楼宇智能化设备安装与运行
河南省化学工业学校	机械电子系：供热通风与空调工程
黄石职业技术学院	建筑工程管理（智能化建筑管理方向）
江苏省淮阴商业学校	楼宇智能化专业；建筑水电设备安装
嘉兴市建筑工业学校	楼宇智能化设备安装与运行
江苏省徐州市中等专业学校	楼宇智能化设备安装与运行
河北省唐山市建筑工程中等专业学校	暖通工程
河南省建筑工程学校	楼宇智能化工程技术、建筑电气工程技术、建筑设备工程技术
江苏省常州建设高等职业技术学校	楼宇智能化工程技术；建筑设备安装

三、确定"暖通空调施工员"职业行动领域

1. 使用 Word 文档编制技术文件；
2. 使用 Excel 制作表格；
3. 填写安装记录文件；
4. 设备识图、测量与绘图；
5. 用计算机软件绘制图形；
6. 建筑施工系统构成及功能；
7. 施工工程材料标注与选用；
8. 暖通空调施工系统图的识读；
9. 暖通空调施工的安装工艺；

10. 暖通空调施工系统质量检查；

11. 暖通设备施工图识读；

12. 暖通设备施工工艺；

13. 暖通设备施工质量检查；

14. 典型供暖系统安装；

15. 典型通风系统安装；

16. 典型设备故障诊断与维护。

四、描述"暖通空调施工员"职业行动领域

1. 具有一定的英语听、说和较熟练地读、写本专业英语资料能力；

2. 具有扎实的计算机操作和专业软件应用能力；

3. 具有对工程建设项目进行成本核算及优化施工组织设计的能力；

4. 具备一定的设备识图、测图、与读图的能力

5. 具备制作暖通空调项目的招投标文件的能力；

6. 具备协调承包商、业主及设计等单位之间关系的能力；

7. 具备通风、供暖、制冷系统等系统安装能力；

8. 具备本专业所必须的、比较系统的工程技术基础知识。

五、转换配置学习领域课程并进行扩展(表4-3)

表4-3　暖通空调施工员学习领域课程

序号	学习领域	描述学习领域
1	文化基础及职业指导	1. 文化基础课的学习包括语文、数学、英语、物理、化学及综合文科； 2. 职业道德与职业指导； 3. 法律基础知识经济与政治基础知识； 4. 哲学基础知识； 5. 计算机应用基础； 6. 体育与健康
2	图纸识读与会审	1. 正确识读暖通空调设备安装施工总平面图； 2. 正确识读暖通设备安装施工图(平、立、剖、构造节点详图)； 3. 用CAD绘制竣工图
3	工程测量	1. 了解常规测量仪器水准仪、经纬仪的使用方法； 2. 领会普通测量如水准测量、角度测量、直线丈量和定向的基本理论方法； 3. 领会建筑施工测量、小地区平面控制测量、地形图的测绘、管道工程测量的基本理论和方法
4	金属件焊接加工	1. 对设备安装金属件焊接方法了解； 2. 掌握金属件焊接的步骤； 3. 掌握金属件焊接的注意事项和安全章程

序号	学习领域	描述学习领域
5	暖通空调管道施工	1. 能够读懂安装图纸与要求; 2. 学会查找相关安装规范与标准要求; 3. 能够认识管道设备及相关材料并能正确选用; 4. 熟悉安装工具和设备性能,并能正确选择使用; 5. 学会制定安装工作计划; 6. 能够按步骤进行管道制作与安装; 7. 学会对管道进行测试验收和资料处理
6	建筑室内采暖工程施工	1. 了解室内采暖的几种方式; 2. 了解室内采暖工程施工的特点; 3. 掌握室内采暖工程施工的工作过程; 4. 掌握室内采暖工程施工的工作内容
7	中央空调系统安装与调试	1. 了解中央空调系统安装的模式; 2. 掌握中央空调系统安装的方法; 3. 掌握中央空调心安装的步骤; 4. 掌握中央空调调试的方法和步骤; 5. 学会如何对中央空调系统进行维修

六、扩展表述学习情境(表 4-4～表 4-7)

表 4-4 建筑室内采暖工程施工学习领域

学习领域:建筑室内采暖工程施工	基本学时:160 学时

学习目标

    1. 通过训练,获得生产劳动体验和完整施工过程的锻炼,培养学生良好的职业道德、团队合作、体谅他人、吃苦耐劳的工作作风和劳动保护、安全文明施工的良好意识及科学的思维方式,具有施工员的职业能力;

    2. 具有一般室内采暖工程设计的能力;

    3. 具有识读室内采暖工程施工图的能力;

    4. 掌握常用材料、设备的规格、型号及存放要求;

    5. 能够根据室内采暖施工图做好技术交底,并根据下料单组织人员安排进度,完成室内采暖系统的安装,同时完成室内采暖系统有关技术资料以及安全管理等工作;

    6. 具备编制室内采暖工程施工方案及材料计划的能力;

    7. 具备室内采暖工程施工技术的基本能力、实践动手能力和分析、处理问题的能力;

    8. 具备室内采暖工程施工质量检验与工程验收的能力

内容	方法
1. 供热工程的基本知识与施工图识读; 2. 管材、散热设备及附属设备的一般要求; 3. 管材、阀门、设备等的规格、型号及验收、存放; 4. 室内采暖工程施工图的识读; 5. 室内采暖工程施工工艺,管道、设备的安装工艺流程和施工方法; 6. 管道、设备及附属设备安装的技术要求; 7. 管道与设备的连接; 8. 系统水压试验; 9. 分部分项工程质量验收标准	1. 现场教学法; 2. 项目教学法; 3. 讲述法; 4. 案例教学法

（续表）

学习领域：建筑室内采暖工程施工	基本学时：160学时

媒体	学生必须具备的素质	教师必须具备的素质
多媒体、校内实训室、施工图纸、施工验收规范、标准图集	1. 具有团队合作、吃苦耐劳的精神及良好的职业道德； 2. 具有独立获取信息、语言表述及写作的能力； 3. 具有采暖组成认知与识图的知识	1. 专业理论知识与专业实践技能； 2. 职业教育知识与职业教育实践

表 4-5　学习情境构建

学习领域	学习情境	学习任务单元
建筑室内采暖工程施工	散热器采暖系统安装	1. 采暖管道安装
		2. 散热设备安装
		3. 系统水压试验
		4. 系统检查与验收
	低温地辐射采暖系统安装	1. 采暖管道安装
		2. 隔热保温层铺设
		3. 地热管铺设
		4. 地热管施压试验
		5. 分、集水器安装
		6. 系统水压试验
		7. 系统检查验收

表 4-6　《建筑室内采暖工程施工》教学设计

能力描述	具有职业岗位中室内采暖系统安装工作过程的技术指导、质量检查和管理能力,具有独立学习、独立计划、独立工作的能力,具有职业岗位所需的合作、交流等能力
目标	完成室内采暖系统安装项目
教学内容	供热工程的基本知识与施工图识读；管材、阀门、管件、散热设备的规格及主要机具；确定所需的管材、附件及散热设备用量；安全和劳动保护措施计划；环境保护和文明施工计划；按照施工图进行管道及附属设备安装；散热设备安装；水压试验与水冲洗；技术交底；系统安装工作全过程的检查和验收

教学媒体	教学方法
多媒体、校内实训室、施工图纸、施工验收规范、施工工艺标准、标准图集	主要采用引导文法即按资讯、决策、计划、实施、检查、评价六个过程完成教学

学生应具备的知识和基本能力	所需知识：采暖系统的认知与识图；识别管材、附件与散热设备；安全劳动保护知识。 所需能力：正确使用工具的能力；施工及施工组织管理的能力；组织协调能力

教师安排	教学地点
具有工程实践经验,并具有丰富教学经验,能够运用多种教学方法和教学媒体的专职教师1名、企业兼职教师1名；在操作阶段需管道技师1名	多媒体教室；采暖管道、设备、附件示教室；管道工操作实训室；暖通原理演示室

评价方式	考核方法
学生自评；教师评价	过程考核；结果考核

表 4-7 《建筑室内采暖工程施工》教学过程设计

工作过程	目标	内容	教学过程	教学媒体	能力培养
资讯	1. 明确施工任务； 2. 明确采暖系统安装所涉及的管材、设备、附件； 3. 判断是否具备施工条件	1. 供热工程的基本知识； 2. 室内采暖施工图识读； 3. 管道的材质、规格、散热设备、附件的种类及型号； 4. 室内采暖工程施工质量验收标准； 5. 使用的主要机具； 6. 作业条件及施工安全因素	1. 教师讲解理论； 2. 布置任务； 3. 分组资讯，每组 7～8 人； 4. 引导问题：完成室内采暖系统安装任务，应做好哪些工作？是否已具备施工条件？ 5. 教师听取学生分组资讯结果，并进行归纳、总结	1. 多媒体； 2. 室内采暖工程施工图； 3. 工作页	1. 方法能力； 2. 社会能力； 3. 专业能力
决策	1. 图纸会审，提出问题； 2. 做好技术交底并进入施工准备	1. 识读室内采暖工程施工图； 2. 室内采暖工程施工的工艺流程、工艺标准、技术要点、质量验收标准	1. 集中授课，布置本次课的工作任务； 2. 列出完成工作任务可参考的资料； 3. 发放工作页； 4. 进行施工准备工作，教师通过会谈随时解答学生的疑问	1. 室内采暖工程施工图； 2. 施工工艺标准、施工验收规范、安全规程、施工手册； 3. 黑板； 4. 工作页	1. 专业能力； 2. 方法能力； 3. 社会能力
计划	1. 学生依据工作任务，编制可实施的室内采暖工程施工方案； 2. 识图并根据施工图进行材料分析，编制材料分析计划表	1. 根据施工图计算各种规格管道的长度，计算散热器、管件及附件的数量； 2. 填写进度工作计划、材料用量表、填写所需的工具、设备清单。（附工作页） 3. 施工方案的编制； 4. 制定安全文明措施	1. 分组分析、判断、评价施工方案； 2. 教师进行分析、评价，正确的施工方案如何制定？ 3. 学生讨论，教师答疑，确定最终施工方案	1. 施工图； 2. 教材； 3. 黑板； 4. 工作页	1. 专业能力； 2. 方法能力； 3. 社会能力
实施	1. 按照施工方案完成室内采暖系统的安装全过程操作任务； 2. 能够按施工工艺组织施工	1. 材料进场、并按材料计划下料； 2. 管道与附属设备的安装； 3. 散热设备的安装； 4. 管道试压及冲洗； 5. 质量验收	1. 技师操作示范； 2. 学生分组完成工作	1. 校内管道工操作实训室； 2. 施工图； 3. 标准图集； 4. 施工工艺标准	1. 专业能力； 2. 方法能力； 3. 社会能力； 4. 职业素质

(续表)

工作过程	目标	内容	教学过程	教学媒体	能力培养
检查	1. 掌握室内采暖工程质量检查方法、内容、标准； 2. 明确采暖系统安装过程的技术要点和质量控制要点，能进行分部分项工程的质量检查与验收	1. 检查管道规格及附属设备数量是否满足设计要求； 2. 检查横管的标高、预留口位置、管道坡度、距墙距离是否满足要求； 3. 检查立管的每个预留口标高、距墙距离是否准确，垂直度是否满足要求； 4. 检查管道的严密性，检查管道是否畅通； 5. 检查散热器距墙、地、窗台的距离是否满足要求； 6. 学生填写自评表，教师填写教师评价表（附工作页）；归纳工作过程中的技术要求、质量控制要点	1. 学生先通过自检，填写自评表评分； 2. 教师检查安装质量，分析工作过程，看是否按计划完成	1. 施工图纸； 2. 质量验收规范； 3. 检测工具； 4. 实物； 5. 工作页	1. 专业能力； 2. 方法能力； 3. 职业素质
评价	1. 对本次工作过程进行全面评价； 2. 明确下次改进的内容	1. 学生自评； 2. 教师对学生作出评价，确定修正内容	1. 学生自评； 2. 教师对学生作出评价，指出修改建议	1. 工作页； 2. 实物	1. 专业能力； 2. 方法能力

第四节　课程方案开发案例三——"建筑电工"培养课程教学内容开发

一、分析职业岗位现状

随着科学技术的进步，建筑业的广度与深度都有了很大的扩展。实际上对高层和智能建筑而言，建筑电气已发展成为一个多学科交叉的行业。它横跨建筑和电气两大类学科，建筑设计涵盖了建筑技术、结构设计、土木工程、供电系统、照明系统、空调系统、电梯系统、电工技术、计算机和网络技术。对建筑电气的设计人员、工程技术人员需求量越来越大，对其素质要求也越来越高。

二、分析职业教育背景

传统建筑电气技术在建筑中的应用已相当广泛,且产品种类繁多。现代建筑电气技术虽然是随着建筑业的发展而形成的,但是它具有电气工程的鲜明特征与内涵,在沿着电气工程应用的道路上,综合了电工技术、电子技术、控制技术与信息技术,在一些电气设备的应用中是如此,在近年来发展迅速的智能建筑中更是如此。如今的建筑电气设备,已经无法简单地将其划为电工类、电子类、控制类或信息类设备了。现代建筑电气技术综合应用了电工、电子、控制与信息技术,不仅在理论上成为电气工程领域的重要分支,而且已构成一条较为成熟的产业链。建筑电气的设备制造、工程设计及实施均形成了广阔的市场。随着中国可持续发展的不断深入,建筑电气技术自身的智能化、数字化与绿色化进程必将把中国电气工程技术的发展推向一个新的高度。

三、确定职业行动领域

1. 使用 Word 文档编制技术文件;
2. 使用 Excel 制作表格;
3. 填写安装记录文件;
4. 设备识图、测量与绘图;
5. 用计算机软件绘制图形;
6. 建筑电气系统构成及功能;
7. 安装工程材料标注与选用;
8. 建筑电气安装系统图的识读;
9. 建筑电气的安装工艺;
10. 建筑电气系统安装质量检查;
11. 建筑电气安装施工工艺;
12. 建筑电气安装施工质量检查;
13. 建筑电气图识读;
14. 建筑电气器件的选择与使用;
15. 建筑电气元件的安装与调试。

四、描述职业行动领域

1. 有一定的英语听、说和较熟练地读、写本专业英语资料能力;
2. 具有扎实的计算机操作和专业软件应用能力;
3. 具有对工程建设项目进行成本核算及优化施工组织设计的能力;
4. 具备一定的设备识图、测图、与读图的能力;

5. 具备制作建筑电气安装项目的招投标文件的能力;

6. 具备协调承包商、业主及设计等单位之间关系的能力;

7. 具备给水、排水、通风、供暖、电气、制冷系统、消防等系统安装能力;

8. 具备本专业所必须的、比较系统的工程技术基础知识。

五、转换配置学习领域课程并进行扩展(表4-8)

表4-8 建筑电工学习领域课程

序号	学习领域	描述学习领域
1	文化基础及职业指导	1. 文化基础课的学习包括语文、数学、英语、物理、化学及综合文科; 2. 职业道德与职业指导; 3. 法律基础知识经济与政治基础知识; 4. 哲学基础知识; 5. 计算机应用基础; 6. 体育与健康
2	室内照明电路安装	1. 了解室内照明电路安装原理; 2. 掌握单联开关和插座的线路设计; 3. 掌握双联开关和插座的线路设计; 4. 掌握单联开关和插座的安装步骤; 5. 掌握双联开关和插座的安装步骤; 6. 掌握日光灯的安装方法; 7. 掌握日光灯的常见故障的排除方法及检修; 8. 学习日光灯的布线与安装,了解几种常见故障的排除方法; 9. 了解并掌握启辉器和镇流器的安装、合理布局线路以及日光灯的调试与维修
3	建筑供电安装	1. 掌握单相电度表的安装和接线方法; 2. 掌握小型配电板的配线与安装方法; 3. 掌握大型配电板的配线与安装方法; 4. 掌握配电箱的安装
4	有线电视系统的安装	1. 掌握有线电视分配器用户盒的安装; 2. 掌握室内PVC管线敷设; 3. 掌握高频电缆插头、电视机同轴电缆连接线的制作
5	电话网络系统安装	1. 了解网络用户盒的安装与使用; 2. 掌握室内PVC管线敷设; 3. 掌握电话用户盒安装连接线的制作
6	接地与防雷施工	1. 了解电、保护接地、工作接地、重复接地等基本知识; 2. 掌握接地装置的安装步骤及程序; 3. 学会对接地电阻进行测量
7	室内电气系统安装	1. 了解室内电气系统安装材料; 2. 对室内电气系统进行导线敷设布置、强电与弱点安装; 3. 对整个过程进行调试与检查
8	电动机的基本操作	1. 学习电动机的基本知识; 2. 了解电动机的功能、用途、基本操作技术; 3. 掌握电动机操作的基本流程; 4. 了解电动机安全操作规程

六、扩展表述学习情境

形成学习情境,具体参见本书第五章相关教学法案例。

第五节　课程方案开发案例四——"造价员"培养课程教学内容开发

一、分析职业岗位现状

伴随着建设中国特色社会主义经济而带来的建筑市场的繁荣,各类专业人才需求也是大量增加,工程造价咨询专业需求量则是其中一个重要组成部分。企业通过吸纳人才并进行培养利用以完成经济建设赋予的重要使命。工程造价企业需求相关信息如下。

(一)企业招募工程造价专业人才采用的招聘渠道

在对上海64家企业调查,企业招聘员工的渠道一般有以下几种:学校就业办推荐、网上招聘、学校招聘会、人才市场招聘、自荐。从表中我们可以看到,学校就业办推荐、人才市场招聘和自荐这三种方式使企业招聘工程造价咨询专业人才的主要招聘渠道。

4-9　上海市工程造价专业人才招聘渠道统计

招聘渠道	学校就业办推荐	网上招聘	学校招聘会	人才市场招聘	自荐
企业数量	24	8	1	14	17
各类招聘渠道所占比例	37.5%	12.5%	1.6%	21.8%	26.6%

(二)"十一五"期间企业近三年招聘中职工程造价专业学生人数情况

表4-10为以走访和电话访问等方式针对调研的64家企业在"十一五"期间从2009年到2011年三年间对工程造价专业人才招聘总数以及中职学生在招聘总数中所占比例的一个具体统计。从表中可以看到,2009年与2011年,中职学生在人才招聘总数中所占比例基本一致,均接近22%,2010年略有下降,为17%,但下降幅度较小。总体来讲,"十一五"期间近三年来中职学生人数在企业新招聘工程造价专业人才所占比例基本处于一个稳定的状态。

表 4-10　调研企业招聘工程造价专业人才数统计

年份	2009 年	2010 年	2011 年
招聘本专业总人数	616	739	1 291
招聘本专业中职人数	136	126	283
中职学生所占比例	21.8%	17%	21.9%

（三）企业未来三年计划招聘工程造价专业人才的学历及相应比例

4-11　企业未来三年计划招聘工程造价专业人才的学历及相应比例

计划招聘的人才学历类型	中职	高职	本科及以上
各类学历所占比例	20%	20%	60%

在对上海市 64 家企业进行调查的过程中，企业未来招聘计划也是调查内容之一。从表中可以看出，未来三年，企业对中职工程造价专业学生的需求比例依然保持在 20% 左右，中职学历工程造价专业人才在企业招聘中仍占有较大比重。

二、了解职业教育背景

在我国以往的项目建设中，经济管理人员的作用一直没有受到应有的重视，他们的工作也仅局限于概预算范围内的算"量"套"价"，被动地反映设计要求，同时由于历史的原因和行业的特点，我国现有的概预算人员的文化层次较低，严重影响了业务能力的提高。因此，必须大量培养操作型、技能型、应用型的，适应从工程造价的计算、控制、管理到前期的决策分析和后期的结算、评估各环节工作的，具有较强动手能力、一定的理论知识和管理能力的工程造价专业人员。

造价员培养的就业前景、入门资格等情况分析同实例一。

三、确定"造价员"职业行动领域

1. 编制施工图预算所需定额、费用标准及相关资料；

2. 熟悉施工图纸，根据施工图纸要求选择适用的标准图集；

3. 了解施工组织设计及施工现场情况；

4. 熟悉工程项目计算规则，对常用的工程项目，如：基础工程、砌筑工程、脚手架工程、混凝土及钢筋混凝土工程、楼地面工程、屋面工程、一般装饰工程等工程量进行熟练计算；

5. 进行项目的套价，进行工料用量分析，进行材料差价的调整方法；

6. 进行工程费用的计算并确定工程造价，形成工程费用表；

7. 进行工程结算的编制，进行工程结算调整，形成工程结算表；

8. 进行投标报价的编制，进行投标报价的确定；

9. 熟悉预算软件的性能，利用预算软件复核计算结果并打印形成预算文件，掌握"两

算"对比的内容,进行"两算"对比;

10．编写建筑工程概算、预算、结算说明并形成概算、预算、结算文件。

四、描述"造价员"职业行动领域

1．具有一定的英语听、说和较熟练地读、写本专业英语资料能力;

2．具有扎实的计算机操作和专业软件应用能力;

3．具备使用测量仪器进行一般工程测量的能力;

4．具有对工程建设项目进行成本核算及优化施工组织设计的能力;

5．具备制作工业与民用建筑工程招投标文件的能力;

6．具有合同管理、信息管理能力;

7．具备协调承包商、业主及设计等单位之间关系的能力;

8．具有从事工程造价工作的能力;

9．掌握本专业所必须的、比较系统的工程技术基础知识。

五、转换配置学习领域课程并进行扩展（表 4-12）

表 4-12　造价员学习领域课程

序号	学习领域	描述学习领域
1	文化基础及职业指导	1．文化基础课的学习,包括语文、数学、英语、物理、化学及综合文科; 2．职业道德与职业指导; 3．法律基础知识经济与政治基础知识; 4．哲学基础知识; 5．计算机应用基础; 6．体育与健康
2	编制施工图预算所需定额、费用标准	1．确定施工的费用标准; 2．编制施工图所需定额
3	选择适用的标准图集	1．确定标准图集的名称; 2．确定标准图集的适用范围
4	学习施工组织设计及施工现场情况	1．了解并学习施工组织设计; 2．了解并掌握基本的施工组织流程; 3．对施工现场情况进行了解
5	确定工程项目列项及计量单位	1．确定工程项目列项,详细清单; 2．对计量单位进行统一确定
6	计算工程量	对整个工程中包括的工程量进行详细计算
7	预算定额的应用	1．识读预算定额; 2．对预算定额进行单位估价表的计算; 3．对预算定额的组成、类型等进行掌握

（续表）

序号	学习领域	描述学习领域
8	对工料用量分析	1. 列出并掌握工料总体用量； 2. 对工料用量的类型、尺寸、规格进行分别归类； 3. 对工料的用途进行把握和了解
9	对材料差价的调整	依据相关标准和实际情况对材料差价进行调整
10	分析工程预算表、工料用量等	对工程预算表、工料用量进行分析，了解工程预算表详细支出，工料用量与预算表之间的联系
11	确定建筑工程造价，形成工程费用表	最后根据总体预算确定工程造价
12	编写建筑工程预算说明	编写预算说明，形成预算书
15	计算工程的工程量，进行套价计算	对整体工程量进行计算，进行套价计算
16	概算、预算、结算软件的学习	学习相关软件，了解软件的使用类型、方法及作用

六、设计"造价员"相关学习情境

案例——楼梯工程量的计算

以表 4-12 学习领域 6 的计算工程量为例，为该学习领域设计一个学习情境为"楼梯工程量的计算"。其具体内容见表 4-13。

表 4-13　项目教学法案例——学习情境：楼梯工程量的计算

职业行动能力

1. 了解系统而有规划的工作方式的必要性；
2. 树立承担楼梯结构安全责任的心态；
3. 计算楼梯的混凝土工程量：
● 分析楼层，层高，层数；
● 计算各楼层踏步，梯段所需混凝土用量；
● 对各楼层混凝土用量进行汇总。
4. 计算楼梯的钢筋用量：
● 折算楼梯平台板上钢筋总长；
● 折算梯段上钢筋总长；
● 确定钢筋直径；
● 利用公式计算总钢筋用量。
5. 计算楼梯的模板工程量：
● 分析楼梯需要支模的部位；
● 确定支模的数量与重量；
● 计算模板用量。
6. 计算室外踏步的砌体工程量：
● 分析确定踏步级数，确定踏步宽和踏步高；
● 利用公式计算砌体工程量

（续表）

职业行动能力	
专业内容	教学论与方法论建议
钢筋直径与长度的基本量： ● 钢筋直径与弯钩的关系； ● 折减系数的确定（根据钢筋直径、钢筋长度确定； ● 踏步宽、踏步高根据规划要求	1. 分析计算所得数据是否合理； 2. 利用所得数据了解工程量概况； 3. 亲自动手计算，增强记忆； 4. 计算楼梯工程量，为计算整个房屋工程量打下基础

第五章

专业教学方法及其应用

第一节 行动导向的教学法

行动导向学习是 20 世纪 80 年代以来职业教育教学论出现的一种新的思潮。行动导向学习与认知学习有紧密的联系,都是探讨认知结构与个体活动间的关系。但行动导向的学习强调以人为本,认为人是主动、不断优化和自我负责的,能在实现既定目标过程中进行批判性的自我反馈,学习不再是外部控制而是一个自我控制的过程。在现代职业教育中,行动导向学习的目标是获得职业能力。

行动导向学习的特点:

(1) 教学内容与职业实践或日常生活有关,教学主题往往就是在工作过程中经常遇到的问题,甚至是一个实际的任务委托,便于实现跨学科的学习;

(2) 关注学习者的兴趣和经验,强调合作和交流;

(3) 学习者自行组织学习过程,学习多以小组进行,充分发挥学习者的创造性思维空间和实践空间;

(4) 交替使用多种教学方法,最常用的有模拟教学法、案例教学法、项目教学法和角色扮演法等;

(5) 教师从知识传授者的角色转为学习过程的组织者、咨询者和指导者。

由于行动导向的学习对提高人的全面素质和综合职业能力起着十分重要的作用,所以日益被世界各国职业教育界的专家所推崇。

专业教学论经历了学科定向的学习、行动导向的学习和学习领域定向的学习的发展阶段。其中,行动导向已成为职业学习的指导原理,行动导向的概念可以不同的方式与不同的教学论目标相联系。行动导向包含分析问题、计划、决策、实施、检查和评估等步骤。

一、行动导向

1. 行动导向是一个多维的概念

要考虑专业工作和劳动组织的形式之间的关系正在发生的变化。伴随技术革新所出现的与之相关的分流教育形式,还必须考虑相关职业的继续发展。

2. 行动导向的组织模式

(1) 职业行动导向(实践导向)模式;

(2) 完整行动导向模式,包括独立的计划、实施和监控(行动导向);

(3) 整体行动导向模式,即具备合格的社会能力(社会导向)。

例如,德国北威州实施行动导向的课程有下列的特点:

(1) 学习的出发点是为了行动,应尽可能是具体实用的行动,至少是思想上可领会的行动;

（2）行动必须与学习者的经验联系，与其动机相适应；

（3）行动必须要求学习者尽可能独立地进行计划、实施、监控并评价；

（4）行动应允许学生体验现实尽可能多的意义，使学生对情境有完整的体验；

（5）学习过程必须伴随着社会合作的交往过程；

（6）行动结果必须体现与学习者的经验继承，并体现其社会应用。

显然，这样理解的行动导向要求职业教育的教师具有教学法-方法论的能力。教育者应是学习的咨询者和主持者。

3. 行动导向的职业教育要求行动导向的职教师资培养

德国德累斯顿技术大学为电气专业的职教师资培养提供的行动导向学习，分为三个水平级：电气技术课程实验的理论和实践；自动化技术的职业教学论实习；项目讨论课。

第一个水平级是应用性的学习活动，具有电气技术课程实验的意义，是针对职校师资队伍的实验实习。第二个水平级为以符合具体规定的实验任务为主的教学活动。第三个水平级是为学生选择的项目，既考虑了学生的专业，又考虑了专业职业教学论，可供学生效仿。

二、教学组织与原则

（一）教学组织

完成一个学习性工作任务，要遵循"完整行动导向模式"，教学组织也应符合这种模式。理论教师和实训教师不再是一个提供所有信息、说明该做什么并解释一切的传授者，也不再是始终检查学生活动并进行评价的监督者，而是作为学生学习过程的咨询者和引导者。在"完整行动导向模式"中教师行动应该如图 5-1 所示。

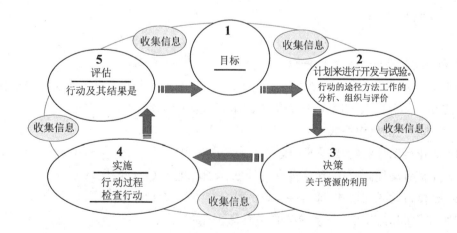

图 5-1　学习性工作任务中的完整行动

1. 确定目标

学生必须独立实现一个给定的目标(根据学习性工作任务),或者独自提出一个学习性工作任务的目标,例如开发某种产品的个人版本,根据已有的材料改变给定的设计方案,提高装配技术或改进劳动工具,设置装配货物的时间等。教师规定活动的范围、使用材料和完成时间,并帮助学生或向其提供提示使其找到自己的目标(如果目标已经给定,教师就必须激励学生独立去实现目标)。

2. 计划

学生制订小组工作计划或制订独自工作的步骤,着手设计几个不同的计划方案;教师给出提示,并为他们提供信息来源;其他教师(例如基础学科)可在必要时进行授课,让学生获得相应的知识。

3. 决策

学生从自己制订的几个计划方案中选择一个并告诉教师;教师对计划中的错误和不确切之处做出指导,并对计划的变更提出建议。

4. 实施和检查

学生按照工作计划实施,并检查活动和结果;学生填写教师提供的检查监控表,其他教师(例如基础学科)为学生提供适合于实施和检查的信息;教师应在如下情况下予以干涉:使用机器有危险情况发生;学员未遵循健康和安全规章;产生结果偏差;不符合设定的目标。

(二) 教学组织的原则

1. 教师作为主持人和咨询者的原则

(1) 尽可能一直站在幕后;

(2) 不需要回答每一个问题;

(3) 为学生独立的行动做出提示;

(4) 激励学生寻找自己解决问题的途径;

(5) 随时接受学生各种行动的方式;

(6) 激发学生随时随地的思考。

2. 小组交流的原则

(1) 积极听取发言

积极的听众对发言者的关注和兴趣可通过行动显示出来(脸部表情,肢体语言,提出的问题等)。这可以避免产生误解,并引发讨论。

(2) 轮流、有次序的发言

这是口头交流的基本原则。

(3) 不要过早对小组发言做出评判

对小组工作过程进行评判是很重要的,但首先要了解小组成员的想法意见;如果有不同的观点,可以在后面提出讨论。

(4) 给捣乱者发言的优先权

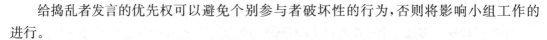

给捣乱者发言的优先权可以避免个别参与者破坏性的行为,否则将影响小组工作的进行。

(5) 记录讨论内容

每个小组成员都可以看到他们究竟讨论了哪些内容,如果讨论结果是记录在黑板或张贴板上,则可以将讨论的成果保存下来。为了不依赖于主持人而让所有参与者都加入讨论,可以采用张贴板法,让每个人把自己的意见想法写在卡片上并钉在张贴板上。

三、行动导向教学法的种类

行动导向教学法包括:
- 头脑风暴法
- 卡片展示法
- 思维导图法
- 模拟教学法
- 实验教学法
- 案例教学法
- 项目教学法
- 引导文法
- 角色扮演教学法

然而"教学有法,教无定法",认识、模仿、应用、开发各种教学方法,根据不同情况灵活应用,是教师的教学能力发展之路。

第二节　项目教学法

一、项目教学法概述

1. 项目教学法定义

项目教学法是师生通过共同参与一个完整的"项目"工作而进行的教学活动。理论上讲,项目教学法是一种几乎能够满足行动导向教学所有要求的教学培训方法。

项目教学法的前提是"项目"。在职业教育中,项目是指以生产一件具体的、具有实际应用价值的产品为目的的工作任务,它应该满足下面的条件:

(1) 该项工作具有一个轮廓清晰的任务说明,工作成果具有一定的应用价值,在项目工作过程中可学习一定的教学内容。

(2) 能将某一教学课题的理论知识和实践技能结合在一起。

(3) 与企业实际生产过程或商业经营行动有直接关系。

（4）学生有独立进行计划工作的机会，在一定的时间范围内可以自行组织、安排自己的学习行为。

（5）有明确而具体的成果展示。

（6）学生自己克服困难和处理在项目工作中出现的问题。

（7）具有一定的难度，不仅是已有知识、技能的应用，而且还要求学生运用已有知识，在一定范围内学习新的知识技能，解决过去从未遇到过的实际问题。

（8）学习结束时，师生共同评价项目工作成果和学习方法。

以上所列八项标准，是理想项目应具备的条件。事实上，在教育培训实践中，很难找到完全满足这八项标准的课题，特别是学生完全独立制订工作计划和自由安排工作形式。但当一个课题满足大部分要求时，就可把它作为一个项目对待。况且，满足全部条件的项目并不一定就能保证教学成功，如学生在制订工作计划时，若目的不够明确或犯了错误，都会影响最终效果，这时就需要教师及时干涉。我国常用的课程设计教学是项目教学的特例，而且大多是不完整的项目教学。

过去，人们在项目教学中多采用独立作业的方式。随着小组生产方式推广对教学要求的提高，人们越来越多地采用项目教学来培养学生的社会能力和其他关键能力。因此，也更多采用小组作业方式，即共同制订计划、共同或分工完成整个项目。有时，参加项目教学学习的学生来自不同专业和不同的职业领域，如技术专业和财会专业，目的是训练实际工作中与不同专业、部门同事合作的能力。

2. 项目教学法的特点

传统教学模式是一种以教师为中心的教学模式，其特征有：教师在教学活动中居主导地位，教学以课堂教授为主，"教"重于"学"；教育价值取向不是受社会需求和市场驱动，而是教育系统内的自我完善和自我评价；教学注重理论性、系统性和学科性等，缺乏结合工程实际的背景以及用例，实践能力薄弱。

以学生为中心（Learner-centered）是国际教育面向 21 世纪的重要思想，项目教学法是师生通过共同实施一个完整的项目工作而进行的教学活动，是行为引导型教学方法中的一种。在整个教学过程中既发挥了教师的主导作用，又体现了学生的主体作用，充分展示现代技工教育"以能力为本"的价值取向，使课堂教学的质量和效益得到更大幅度的提高。可以通过表 5-1 来进行比较。

表 5-1　传统教学法与项目教学法的比较

传统教学法	项目教学法
目的在于传授知识和技能	目的在于运用已有技能和知识
以教师教为主，学生被动学习	学生在教师的指导下主动学习
学生听从教师的指挥	学生可以根据自己的兴趣做出选择
外在动力十分重要	学生的内在动力充分得以调动
教师挖掘学生的不足点以补充授课内容	教师利用学生的优点开展活动

在教学主导思想方面,传统教学过程把"传授知识"作为教学的主要任务,与此相适应,在教学过程中基本上是以教师为中心的,教学中强调如何"教",如何"教好",教师是教学过程的主体、操纵者甚至是主宰者,而对学生特征、学生心理和学生如何"学""学什么",考虑较少;衡量教学效果的标准是升学率、考试分数,简言之,是一种应试教育,教学的方法主要是在长期的教学实践中总结出来的灌输式教学、机械式教学,带有较浓的经验主义色彩。项目教学法为适应现代社会的需要,其教学的主要任务除传授必要的基础知识外,更注重培养学生的能力和素质,所以,教学以学生为中心,强调如何"学",如何分析问题、解决问题(思维方法),在实践中锻炼学生的能力,如何培养学生的创新意识和创新能力,如何使学生获得学习的能力和在竞争中生存的能力。

在教师与学生方面,传统教学过程的教师是信息的组织者、传播者和把关人,是教学活动的主体和主导者,在应试教育下,学生是被动、消极的信息接收者,学生的主动性和能动性受到压制,没有充分调动积极性。项目教学过程中,教师不再仅仅是知识的传授者,同时也是教学的设计者、教学软件的开发者和学习活动的引导者。师生之间是一种协作关系,学生是教学过程的主体,是教学活动的重心,一切教学工作以解决学生的学习需求为目标,学生的积极性和潜能得到充分发挥,教师的教学艺术能得到充分体现。

在技术快速发展和劳动组织方式的不断变革过程中,现代企业的员工除要掌握快速发展的专业能力外,还必须具备较强的方法能力、社会能力和创新精神。

我国传统教学法的教学目标是向学生传授系统的文化基础知识和专业基础知识,是以"知识为本位",强调学科知识的科学性与系统性,教学上注重新旧知识之间的联系,强调识记,但忽视了对学生能力和创造性的培养;强调以课堂为中心、以教师为中心、以教材为中心,即所谓"三中心",教师教什么学生就学什么,忽视了学生积极性、主动性的发挥,在教学方法上常采用"满堂灌",教学进度上齐步走,这与当今社会强调实用技能,强调知识创新等素质教育不能同步,难以适应社会的发展需要,因而对传统教育模式进行的改革迫在眉睫。

项目教学法注重培养学生分析能力、团结协作能力、综合概括能力、动手能力等综合能力,并极大地拓展学生思考问题的深度、广度,同时项目教学法能更早地让学生接触到工作中可能遇到的问题,并运用已有的知识解决,对职业学校学生来说很有针对性,因而受到师生的广泛欢迎。目前以项目教学法为首的行动导向教学法正逐渐取代传统教学中"视理论为基础"的行动导向学习理论的教学模式,成为职业学校多数教师重视及探索追求的新方法。

3. 项目教学法的实施步骤

"给你 55 分钟,你可以造一座桥吗?"

这是德国教育专家弗雷德·海因里希教授在德国及欧美国家素质教育报告演示会上介绍项目教学法的一个实例。首先由学生或教师在现实中选取一个"造一座桥"的项目,学生分组对项目进行讨论,并写出各自的计划书;接着正式实施项目——利用一种被称为"造就一代工程师伟业"的"慧鱼"模型拼装桥梁;然后演示项目结果,由学生阐述设计思想和构造机理;最后由教师对学生的作品进行评估。通过以上步骤,可以充分发掘学生的创造潜能,培养和提高他们的动手能力、实践能力、分析能力和综合能力。

项目教学法现在越来越得到各国教育界的重视。美国工商管理硕士教育(MBA)经过长期的教学实践,也广泛地采用项目教学法。MBA主要采取由学校和企业共同组成项目小组,深入实际,在完成指定项目的同时,学习和应用已有的知识,在实践的第一线培养解决问题的能力,是一种"真刀实枪"的演练。

项目教学法一般按照以下五个教学阶段进行:

(1)确定项目任务。通常由教师提出一个或几个项目任务设想,然后同学生一起讨论,最终确定项目的目标和任务。

(2)制订计划。由学生制订项目工作计划,确定工作步骤和程序,并最终得到教师的认可。

(3)实施计划。学生确定各自在小组中的分工以及小组成员合作的形式,然后按照已确立的工作步骤和程序工作。

(4)检查评估。先由学生对自己的工作结果进行自我评估,再由教师进行简单的评分。师生共同讨论,评判项目工作中学生解决问题的方法以及学习行动的特征。通过对比师生评价结果,找出造成结果差异的原因。

(5)归档或结果应用。项目工作结果应该归档或应用到企业、学校的生产教学实践中。例如,作为项目的维修工作应记入维修保养记录;作为项目的工具制作、软件开发可应用到生产部门或日常生活和学习中。

二、项目教学法案例

(一)家居给水管道设备安装项目教学法案例

1. 教学情景描述

某小区物业管理公司接到702户业主投诉:702户卫生间的天花有渗水现象,希望物业公司能配合调查原因并进行处理。经过检查发现,渗水是楼上802户的管路系统因老化漏水造成的。查明原因后,物业公司派维修人员到802户进行管道的维修,但由于管道老化比较严重,经与802业主协商后,决定进行给水管路系统和卫生器具更换。于是物业公司工程维修处根据802户卫生间的布置重新设计了给水管路系统,并绘制了给水管道施工图纸,比例1:50(图5-2)。

图纸中的几点说明:

(1)卫生洁具代号:A1坐便器。

(2)厨厕中的给水管道均沿墙或地面装修层内开槽安装。

(3)给水管道采用硬聚乙烯(UPVC)管。

现请施工员根据图纸进行802户卫生间的给水管道和卫生器具的安装和调试工作。

2. 教学任务

(1)根据安装任务,查找管道和设备的安装规范,制订安装的工作计划。

(2)选择合适型号的管材和设备。

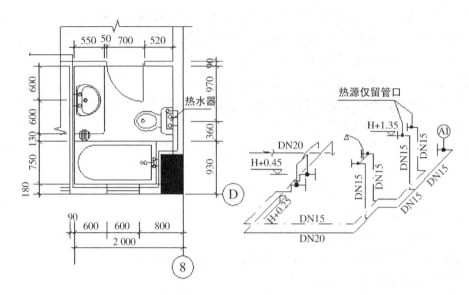

图 5-2　给水管道施工图

（3）根据安装图进行管道、设备的正确定线、定位。

（4）根据安装管道和设备的技术要求，应用安装工具，正确进行管道和设备的连接和固定，合作完成安装任务。

（5）查阅质量标准，选择检测方法，测试安装效果，满足客户要求。

3. 教学目标

（1）能够根据安装图进行管道、设备的定线、定位。

（2）能够按照安装技术要求，规范地完成管道和设备的安装任务。

（3）能够按照质量标准，检测安装质量。

4. 教学准备

1）室内给水工程施工图

（1）设计说明：设计图纸上用图或符号表达不清的内容，需要用文字加以说明。

（2）平面图识读：室内给排水管道平面图是施工图纸中最基本的设计图。它主要表明建筑物内给水管道、排水管道、卫生器具和用水设备的平面布置及其与结构轴线的关系。识读的主要内容和注意事项如下：

① 查明用水设备、排水设备的类型、数量、安装位置、定位尺寸；

② 查明各立管、水平干管及支管的各层平面位置、管径，各立管的编号及管道的安装方式（明装或暗装）；

③ 弄清楚给水引入管和污水排出管的平面位置、走向、定位尺寸、管径等。

（3）系统轴侧图的识读：系统轴侧图分为给水系统轴侧图和排水系统轴侧图，它是根据平面图中用水设备、排水设备、管道的平面位置及竖向标高用斜轴侧投影绘制而成的，表明管道系统的立体走向。系统图上标注了管径尺寸、立管编号、管道标高和坡度等。把系

统图与平面图对照阅读,可以了解整个室内给排水管道系统的全貌。识读时应掌握的主要内容和注意事项如下:

① 给水系统图的阅读可由房屋引入管开始,沿水流方向经干管、立管、支管到用水设备;

② 排水系统图阅读可由上而下,自排水设备开始,沿污水流向,经支管、干管至排出管;

③ 平面图中反应各管道穿墙和楼板的平面位置,而系统图中则反应各穿越处的标高;

④ 在系统图中,不画出卫生器具,只分别在给水系统图中画出水龙头、冲洗水箱;在排水系统图中画出存水弯和器具排水管。

2) 管材的选用

(1) 管材标准化。

(2) 管材特点,见表5-2。

表5-2 管材特点

管材名称	特点	使用范围	连接方式
硬聚氯乙烯给水管(UPVC管)	耐腐蚀强,耐酸、碱、盐、油介质侵蚀,质量轻,有一定机械强度,水力条件好,安装方便,但易老化,耐温差,不能承受冲击	适用生活饮用水系统	DN50以下采用管件连接,DN63以上采用胶圈连接

3) 管子加工工艺

(1) 管子切断

在管道安装前,往往需要切断管子以满足所需要的长度。常用的方法有锯割、刀割、磨割、气割、錾切等。施工时可根据现场情况和不同材质,规格,加以选用。如图5-3所示。

(a) 活动锯架　　　　　　　　　　　(b) 固定锯架

图5-3 手工钢锯架

(2) 管子的下料

管道系统由各种形状、不同长度的管段组成。水暖工要掌握正确的量尺下料方法,以保证管道的安装质量。如图5-4所示。

4) 管道安装

5) 卫生器具安装

浴盆、洗脸盆安装,如图5-5、图5-6所示;坐式便器安装,如图5-7所示。

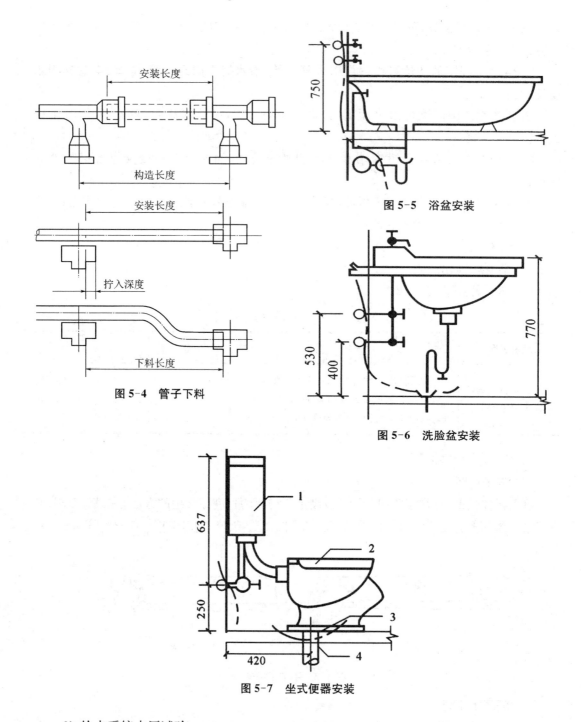

图 5-4　管子下料

图 5-5　浴盆安装

图 5-6　洗脸盆安装

图 5-7　坐式便器安装

6) 给水系统水压试验

《建筑给水排水及采暖工程施工质量验收规范》(GB 50242—2002)中规定：阀门安装前，应作强度和严密性试验；各种承压管道系统和设备应做水压试验，非承压系统和设备应做灌水试验。

7) 管道清洗

5. 教学对象组织

(1) 分组：每组 3～4 人。

(2) 每个小组选出一名组长，作为总负责人，并由组长分配任务，落实小组每一成员的主要责任。

6. 设计实施

步骤 1——信息（确定目标/提出工作任务）

(1) 明确合同任务与要求。

(2) 熟读安装图纸和相关安装标准图。

(3) 熟悉相关安装质量规范和标准：《建筑给水排水及采暖工程施工质量验收规范》（GB 50242—2002）。

(4) 熟悉相关安装安全操作规程。

(5) 熟悉安装工具与机具。

(6) 熟悉安装材料与设备准备。

步骤 2——制订计划

(1) 小组讨论，制订安装计划；

(2) 按计划进行小组成员工作任务的分配（表 5-3）。

表 5-3　工作任务分配

成员姓名	工作任务	权责分配	时间安排

步骤 3——决策

在教师的指导下，分析计划的可行性及效果，加以修改后，重新考虑小组成员的任务分配，最后落实工作计划和任务分配。

步骤 4——执行任务

(1) 按计划和任务分配情况进行安装工作。

(2) 工作记录、管网清洗记录、水压试验记录见表 5-4，表 5-5，表 5-6。

表 5-4　工作记录

成员姓名	工作任务	使用工具	材料	时间	备注

表 5-5　供水、供热管网清洗记录

施工单位：

工程名称		日期	
冲洗范围（桩号）			
冲洗长度			
冲洗介质			

工程名称		日期	
冲洗方法			
冲洗情况及结果			
备注			
参加单位及人员	建设单位	施工单位	监理单位

表 5-6　供水管道水压试验记录

施工单位：　　　　　　　　　　　　　　试验日期：　　年　　月　　日

工程名称				
桩号及地段				
管径/mm	管材	接口种类	试验段长度/m	
……				
工作压力/MPa	试验压力/MPa	10分钟降压值/MPa	允许渗水量/(L/min·km)	
试验方法	注水法	次数	达到试验压力的时间 t_1/min	恒压结束时间 t_2/min	恒压时间内注入的水量 W/L	渗水量/(L/min)
		折合平均渗水量			L/min·km	
	放水法	次数	由试验压力降压到 0.1 MPa 的时间 T_1/min	由试验压力放水下降 0.1 MPa 的时间 T_2/min	由试验压力放水下降 0.1 MPa 的放水量 W/L	渗水量/(L/min)
		折合平均渗水量			L/min·km	
外观						
评语	强度试验		严密性试验			
参加单位及人员	建设单位	施工单位	监理单位			

（3）请写出工作过程中遇到的问题和困难，以及解决的方法。

步骤 5——评价

（1）小组自评见表 5-7。

表 5-7　小组自评记录

序号	自评内容	自评分析	自评等级	备注
1	管道安装的质量与效果			
2	材料使用情况			
3	工具使用的熟练程度			
4	完成任务所需的时间			

序号	自评内容	自评分析	自评等级	备注
5	小组合作效果			
6	安全操作的落实情况			

（2）评价：检验，评价和讨论。

① 就工作过程中遇到的问题和困难，以及解决的方法，在小组之间展开讨论，将讨论结果总结。

② 老师对讨论结果的评价及总结。

步骤6——迁移

完成家居卫生间连厨房的给水管道和卫生器具的安装工作，平面布置与系统如图5-8所示。

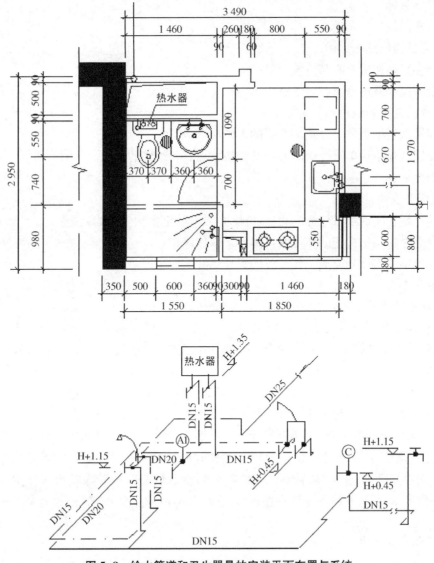

图5-8　给水管道和卫生器具的安装平面布置与系统

85

（二）"离心泵拆卸及安装"项目教学法案例

1. 教学情景描述

上海某污水处理厂拟对一批已到维修期的输送设备离心泵进行检修。厂方已提供了待拆装并将要维修的各类离心泵多台。现场维修人员已准备了若干套拆装用工具,要求学生充分认识到,泵的好坏直接影响生产是否正常进行,泵的正确安装使用和维修保养将起重要的作用。

2. 教学任务

通过现场对一台单级单吸卧式离心泵的拆卸安装,认识水泵结构,了解各构件的功能与作用,并将拆卸下的离心泵零部件及拆卸安装过程和拆卸中所遇到的问题加以叙述.再结合课堂教学内容,对离心泵常见故障加以分析并提出解决方法。

3. 教学目标

1) 显性目标

(1) 项目岗位技能目标:

① 学会正确选用离心泵拆装工具;

② 能够按步骤进行离心泵的拆装。

(2) 项目专项知识目标:

① 能够叙述单级单吸卧式离心泵的工作原理;

② 能够叙述单级单吸卧式离心泵的结构特点和各组件的作用。

2) 隐性目标

项目职业发展目标:

① 培养学生完成项目任务的程序和能力,激发学生主动求学的兴趣;

② 培养学生团结协作的精神和严谨的工作作风;

③ 培养学生按计划完成工作任务的责任感和安全生产意识。

4. 教学准备

(1) 离心式水泵 12 台。

(2) 拆装工作台以及拆装工具 12 套。

(3) 熟读本课业任务和要求;学会正确选择使用离心泵拆装工具,能够按步骤拆卸离心泵,通过拆卸一台单级单吸卧式离心泵,认识水泵结构,了解各构件的功能与作用。主要有:叶轮、泵壳、泵轴、轴承、减漏环、轴向平衡装置,填料函,联轴器,泵座等。

(4) 查找资料,学习讨论离心泵工作原理、结构特点和各组件的作用。

(5) 拆解水泵准备工作:清理工作台面、戴手套、搬运离心泵就位(务必注意安全)、选用工具。拆卸顺序:拆除带座泵壳螺丝——取出带座泵壳——拆除叶轮螺母——取出叶轮——拆除后支座——拆除联轴器——拆除前后轴承压盖——拆除填料函压盖——取出泵轴——取出填料函,并将各组件有序排放(全程务必注意安全)。图 5-9 为离心式水泵拆装现场。

5. 教学对象组织

(1) 学生分组,4 人一组,组长负责进行任务分工,小组合作完成任务;

图 5-9　离心式水泵拆装现场

（2）本项目在学习过程中可能存在重物压伤、硬锐物划伤等受伤危险,学生要服从安排,并严格按照安全规程或操作步骤进行;

（3）小心轻放,爱护工具和设备,注意保护丝扣和泵轴等连接部位;

（4）组织及计划,如图 5-10 所示。

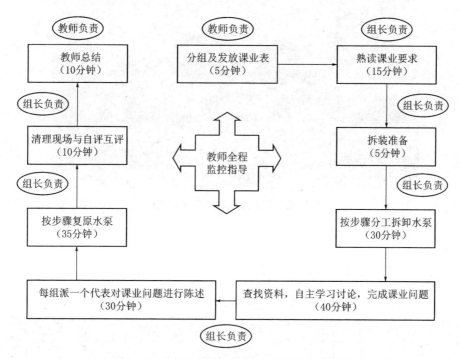

图 5-10　"离心泵拆卸及安装"项目教学法流程

6. 设计实施

1）学生拆解水泵（30 分钟）

离心式水泵结构如图 5-11 所示,学生拆解离心泵实训现场如图 5-12 所示。

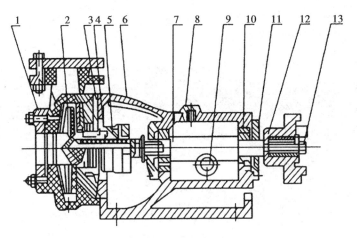

1—连接法兰;2—叶轮;3—密封圈;4—密封套;5—支承套;6—泵壳;7—泵轴;
8—透气塞;9—放水孔;10—填料;11—轴承盖;12—联轴器;13—螺栓

图 5-11　离心式水泵结构

图 5-12　学生解剖离心泵实训现场

2) 完成下列内容(40 分钟)

拆解过程中,学生需填写表 5-8、表 5-9。

表 5-8　使用工具统计表

序号	工具	型号或规格	数量	备注
1				
2				
...				
10				

表 5-9　水泵构构件统计及用途

序号	水泵构件名称	材质	常用材质	作用及原理
1				
...				
20				

3）迁移

请回答下列问题：

① 给这台离心泵取个名字，越全面越好？名称中"级"和"吸"是指什么？

② 它的工作原理应该怎样陈述？

③ 各部件还有哪些不同的类型？

④ 它有密封环吗？为什么？

⑤ 请正确表述水封环的作用。

⑥ 它的轴向平衡装置有什么用？

⑦ 你认为该泵哪些组件比较容易损坏，为什么？

⑧ 你知道它的各组件是什么材料作出来的吗？

⑨ 它的铭牌上写着什么？你知道它的意义吗？

⑩ 有何环保材料可替代水泵构件？

4）自评和互评

① 每组选一代表进行问题陈述（每组 5～10 分钟）；

② 进行小组自评和互评，并填入表 5-10（10 分钟）；

③ 教师总结（20 分钟）。

表 5-10　自评和互评

序号	评价内容	评价标准	分值	自我评价	小组评价	教师评价	综合评价
1	综合素质表现	工作态度、沟通能力、团队合作与组织能力、安全意识	30				
2	工作过程	工具使用规范程度；拆卸步骤熟练程度；器件完整程度	40				
3	文明工作	文明生产意识	15				

（三）项目教学法评价

项目教学法是行动导向教学法中应用最为广泛的一种教学法。虽说所有教学法都是为了完成一个教学任务，但真正行动导向的教学法必须是以学生为中心的、经历确定项目任务、制定计划、实施计划、检查评估、归档或结果应用这几个阶段的完整的教学行为。

上述两个项目教学法案例——水管的维修安装和水泵的拆卸安装,都是来源是实际的工作过程的任务,要求学生在教学过程中制订计划,完成设备的维修和安装,意味着需要更主动去发现问题,提出问题并解决问题,锻炼了学生的操作能力,培养了学生的创新意识和创新能力。

第三节　实验教学法

一、实验教学法概述

实验是一个获得数据和信息的体验过程,它是验证一种假设的过程。实验是为了检验一个或多个独立的变量的改变与改变后的效果,或整个实验的改变与其改变后的效果。实验方式有书面测试或实际操作测试。

实验教学法是归纳认识方法的教学方法。它以一个技术或自然科学现象为出发点,在被监控和受限的条件下重现/模拟现象并对其进行分析。实验教学法着重于在实验过程中培养学生的"关键能力",是一种包含任务获取、策略解决、计划、实施、评价以及结论六个步骤的行为导向教学法,重在培养学生的个性,即独立性和创造性。

1. 实验教学法定义

"实验"(Experimentieren)是德国职业技术教学学者艾克(F. Eicker)和劳纳(F. Rauner)在广义上定义为的一种人类的日常行为,从"思维实验"到"尝试",从"练习"到通过实验解决问题直至"构建",实验教学法的定义如图5-13所示。实验的内涵包含了以下五个方面。

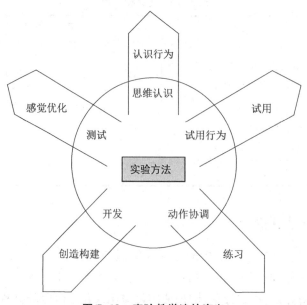

图5-13　实验教学法的定义

（1）实验作为一种认识行为；

（2）实验作为一种尝试行为；

（3）实验作为动作协调的优化；

（4）实验作为解决问题、开发以及创造构建；

（5）实验作为人类感觉的优化。

2. 实验教学法的分类

实验教学法有以下不同的分类方法。

（1）**按照变量和效果之间的联系分类**

① 对因果关系研究的实验（例如科学实验）；

② 对结果–方法研究的实验（例如工程科学实验）。

（2）**按照教学法功能分类**

① 为了达到某个主题的实验；

② 为了获得知识的实验；

③ 为了练习、强化、纠错和变化的实验；

④ 为了评估表现的实验。

（3）**按照组织形式分类**

① 教师实验（演示实验）；

② 学生实验：独立工作的实验；两人合作工作的实验；小组合作工作的实验。

（4）**按照抽象程度与现实的关系分类**

① 真实实验（描述性的）；

② 运用模型的实验（象征性的）；

③ 思考实验（抽象概念性的）。

（5）**按照发展的不同特征分类**

① 认知导向的实验；

② 运用导向的实验/培训实验。

3. 实验教学法的特点

实验教学法不仅培养学生分析问题、解决问题的能力，还重视学生的个性培养，个性培养中也就蕴含了创造性的培养。

创造性的思维往往在实验行为的不同阶段产生，即使实验失败了，也可以寻找错误的原因（基本假设或实验误差等）。因此这里要强调，实验不仅仅是用来检验假设的正确与否，实验行为的实质更在于学生通过在一定条件下的实验行为，以检验假设为目标，综合应用已有的预备知识，通过工具、测试手段进行观察、判断、搜寻乃至阐释，从而培养自身能力。

如果仅仅采用实验的方法来证明一个已知的并且存在的理论，那么每个学生都事先有了真理的标准，得到的实验结果可能都是千篇一律，错过了发现并解决问题的创造性思维过程。所以说，实验教学的整个过程比单纯的实验结果重要得多。

实验教学以"与实际的符合度"为指标，可以划分为五个教学范围（图5-14）：

（1）以认知为导向的实验教学，是传统教学中用于加深掌握理论知识、重复且固定的典

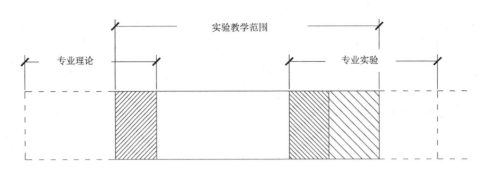

图 5-14 实验教学范围

型教学模式；

（2）以运用为导向的实验教学，是技术行业中培养学生行为能力的主要方法，需要预备的专业理论知识；

（3）实验练习，不需要新的理论知识，只是将在以运用为导向的实验教学中获得的行为能力加以巩固，这种实验教学应用于企业的学徒培训中；

（4）在客观实物上的实验教学，是一种实际意义的实验学习，即"实践"；

（5）作为职业行为中专业实践的一部分，广义上来说人的职业行为便是一种实验。

创造性是在一定的时间和空间条件下产生的，实验行为中必须包含创造性地克服存在的问题。因此，实验教学的第一步骤中获取的工作任务至关重要，它必须是一个没有固定答案的、含有未确定因素的、能够让学生充分发挥主观能动性的项目。

4. 实验教学法的实施步骤

巴德尔（Reinhard Bader）认为实验的过程由以下阶段构成：

（1）观察一个现象（例如：加上负载后零部件产生的形变）。

（2）根据一个假设提出问题（例如：部件的形变和作用力之间的关系）。

（3）实验的计划阶段，也就是说构建一个人工的、技术性的、遵照某些边缘条件的实体（例如，计划一个滑轮组实验：决定变量和常量；夹具；加上负载；测量样本；每个单位时间增加负载；估计并计算误差）。

（4）实施一个实验（观察、测量、记录、计算）。

（5）产生一个陈述（结果），在考虑到边缘条件和测量的精度后支持或推翻初始的假设（例如：对某种材料的胡克定律的有效范围，负载在一个范围内）。

（6）在整个理论范围内对子理论的归类（例如：一个单轴压力条件的假设；应力假设）。

（7）反思理论和应用可能性的结论（例如：实验结果与实际情况下的某个零件一致；零件的数学计算的可能性）。

一个完整的实验教学法过程如图 5-15 所示。

实验教学法的每一个阶段的工作内容描述如图 5-16 至图 5-21 所示。

（1）第一阶段：对问题的定位和阐明

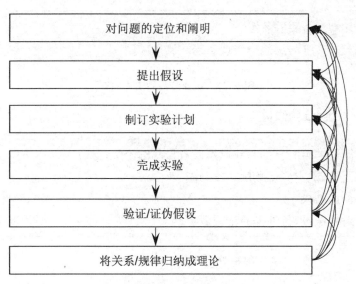

图 5-15 实验教学法

■ 阐述问题现象或由学生自己提出和阐明问题

■ 由学生介绍试验目的,所需工具,条件和试验过程

■ 教育学家加尔佩林(Galperin)和其他学者的研究结果表明,实验结果很大程度上取决于基础定位

图 5-16 第一阶段的工作内容

(2)第二阶段:提出假设

■ 分析问题现象,由此可能会让知识缺陷问题变得清晰明了

■ 列出存在的问题

■ 把期待的结果描述成准备检验的假设

■ 哈克(Hacker)强调说,如果思考下的最终状态的预期结果在行动的准备阶段出现,那么仅涉及一个行动

图 5-17 第二阶段的工作内容

(3)第三阶段:制订实验计划

■ 制订实验方案

■ 应用哪些检测或实验方法能够对假设进行验证

■ 计划工作步骤,解释并介绍实验装置,绘制结构草图

图 5-18 第三阶段的工作内容

（4）第四阶段：完成实验

- 按照计划准备实验装置
- 完成实验并书写实验报告或者描述测量顺序

图 5-19　第四阶段的工作内容

第五阶段：验证/证伪假设

- 评估测量结果的目的是获取有质有量的结论
- 计算测量，确定测量顺序并绘制图表
- 口头论述结果
- 接着对照假设，目的是验证或者证伪假设

图 5-20　第五阶段的工作内容

第六阶段：将关系/规律归纳成理论

- 将所获取的各种知识和关系归纳到更高一层的理论
- 获得的部分结论起到解释和说明规律的作用
- 实验的范例性将被转化为基本结论

图 5-21　第六阶段的工作内容

二、实验教学法案例——广州地区住宅机械通风技术的研究

1. 教学情境描述

广州地区某住宅由于气候原因在考虑是否进行机械通风的安装，以及安装的过程应该如何进行，与不安装相比有什么优缺点。某教师指导学生进行机械通风与一般通风的比较，认识与了解机械通风设计与安装的一般过程，机械通风的优缺点及对机械通风与普通通风的比较应该如何进行。

2. 教学任务

该案例适合职业学校三年级学生，需具备一定的实践经验和机械通风知识。

任务描述：

（1）实验设计中，考虑风机的开启时间，分为两种模式：全天均开启和白天关闭晚上开启。

（2）对比房间（采用自然通风）分为全天通风和白天通风夜间关闭两种工况。

（3）全天自然通风包括开窗开亮子和开窗关亮子两种情况，目的是了解出风口的设置对室内风速的影响情况。

（4）测试时间是 10 月 2 日早上 8:00 到 10 月 6 日早上 8:00,每个实验方案连续测试 24 小时(表 5-11)。

表 5-11　房间开、关窗时间

项目	测试房间	对比房间	开始时间	截止时间
方案 1	风机全天开	开窗关亮子	10 月 2 日 8:00	10 月 3 日 8:00
方案 2	风机白天开	开窗开亮子	10 月 3 日 8:00	10 月 3 日 22:00
	风机晚上开	关窗关亮子	10 月 3 日 22:00	10 月 4 日 8:00
方案 3	风机全天开	关窗关亮子	10 月 4 日 8:00	10 月 5 日 8:00
方案 4	风机全天开	开窗开亮子	10 月 5 日 8:00	10 月 6 日 8:00

（5）通过实验了解实验房间和对比房间室内外温度、壁面温度、进出风口空气温度、风速的差异,最终判定哪种方式更为合理。

3. 教学目标

广州地区住宅机械通风研究实验教学的主要目的:①学生在此过程中学习机械通风研究设计的一般过程;②学生可以观察实验过程,了解机械通风设计研究实验组与对比组的差异;③培养学生独立操作实验、独立工作能力和判断力。

4. 教学准备

（1）两间玻璃涂膜实验室,实验房维护结构构造做法及其热工参数见表 5-12;

（2）涂膜实验室 1 为机械通风房间,安装外窗安装了松下进排两用式百叶窗型换气扇,型号 FV-25VRL2,实验时采用进气模式;

（3）涂膜实验室 2 为对比房间;

（4）实验参数见表 5-13,实验仪器如图 5-22 所示。

表 5-12　实验房维护结构构造做法及热工参数

围护结构	外墙(240 砖墙)	外窗	楼板	内墙(130 砖墙)
构造	20 厚水泥砂浆 200 厚红砖 20 厚水泥砂浆	3.5 厚钢铁框玻璃窗	100 厚钢筋混凝土	20 厚水泥砂浆 90 厚红砖 20 厚水泥砂浆
传热系数 $K/W/(m^2 \cdot K)$	2.273	6.5	3.942	3.288
测量参数	测量仪器	型号	测量范围/精度	记录时间间隔/min
壁面温度	T 形热电偶+安捷伦数据采集	34970 A 数据采集开关单元	$(-200\sim+350)℃/\pm1.0℃$	1
空气温度、风温	HOBO pro v2 温湿度自记仪	U23-001（温湿度传感器内置）	$(-40\sim+70)℃/\pm0.2℃;0\sim100\%/\pm2.5\%$	1
风速	热线式风速仪 热线式风速仪	YK-2005AH HD403TD-S	$(0.1\sim20.0)m/s,\pm(5\%+读数)$ $(0.05\sim5)m/s,\pm(0.03\%+2\%)$	1

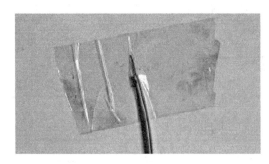

(a) 热电偶   (b) 安捷伦数据采集

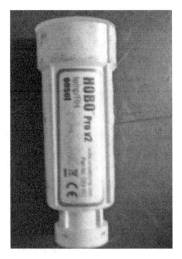

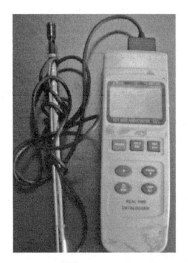

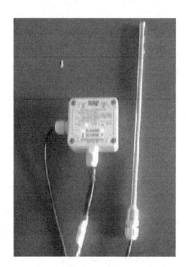

(c) 温湿度自记仪   (d) 热线式风速仪 YK－2005AH   (e) 热线式风速仪 HD403TD－S

图 5-22　实验仪器图及参数

表 5-13　实验参数及设置情况

测点	壁面温度	风速			温度		
		进风口	出风口	室内	进风口	出风口	室内
机械通风房间	16个,每个房间8个,高度距地板1.5m	1个,排气扇右侧进风口中点	1个,窗亮子中点	1个,室内中点,距地板1.15m	1个,排气扇右侧	1个,同风速测点	6个,0.4m和1.15m高度各3个
对比房间		1个,开启窗扇左侧扇中点	1个,窗亮子中点	1个,室内中点,距地板1.15m	1个,同风速测点	1个,同风速测点	6个,同机械房间
室外		无			2个,外窗外侧和走廊侧		

5. 教学对象组织

此任务要求 4～6 人为一个大组,同时大组分为 2～3 人一个小组,除了要独立完成,还要相互协作。

6. 设计实施

（1）教学实施

① 实地考察实验房和对比房，了解房间通风情况；

② 根据两组房间进行实验设计，制订实验计划；

③ 实施计划，对实验过程进行监控；

④ 搜集实验结果并分析；

⑤ 评价实验结果——与实际情况进行对比；

⑥ 评价学习任务，包括详细的实验计划、实验过程实施，与其他小组交流。

（2）评价反思

在广州地区住宅机械通风研究的实验中，学生可以先凭借自己的经验进行相关理论研究和实际探讨，设计机械通风研究的实验方案，以达到最好的实验对比效果。学生还必须思考解决以下问题：

① 机械通风设计中实验房选取什么样的通风器；

② 分析实验期间室内外温度、温差大小及分布，风机开启后的降温效果等；

③ 分析机械通风房间室内各个热环境参数的分布情况及其分布规律，确定住宅实测的测试项目及测试内容；

④ 在实际生活中应该如何安装设计室内机械通风设备；

⑤ 实验如何改进。

（二）实验教学法案例评价

行动导向的实验教学并非传统意义上的科学实验，用以证明一个已知的、并且存在的理论，而是指师生通过共同实施一个完整的"实验"工作而进行的教学行动，在以上案例中体现了以学生为中心的网络化独立学习的教学思想。

实验教学的整个过程比单纯的实验结果重要的多。在一定条件下学生的实验行动，要以检验自己的假设为目标，综合应用已有的知识，通过工具、测试手段的运用，观察、判断、搜寻乃至阐释有关现象，从而培养了能力。

第四节　引导文教学法

一、引导文教学法概述

1. 引导文教学法定义

引导文教学法是借助一种专门教学文件即引导课文（常常以引导问题的形式出现），通过工作计划自行控制工作过程，引导学生独立学习和工作的项目教学方法。其任务是建立起项目工作及其所需要的知识、技能间的关系，让学生清楚完成任务应该具备的知识、技能等。引导文教学法是一个面向实践操作、全面整体的教学方法,学生通过此方法可对一个复杂的工作流程进行策划和操作。

引导文教学法是 20 世纪 70 年代在一些大型工业公司中创造出来的,如戴姆勒-奔驰,福特,西门子,赫施等,在当今是一种普遍的教学方法。

引导文教学法尤其适用于培养所谓的"关键能力",让学生具备独立制订工作计划,实施和检查方案的能力。更广泛地说引导文教学法也是对专业能力、方法能力和社会能力的培养。

教师提供一个书面的以提问形式呈现的任务,学生借助辅助材料完成此任务,辅助材料中含有完成任务所需要的提示和必要的专业信息。引导问题和引导文为学生提供信息并对整个工作过程的完成提供帮助。

2. 引导文教学法的特点

引导文教学法可以作为一个单独的教学法,也可以看作是项目教学中的一个教学技术方法,它可以在一个项目里起到拟订主题的作用。它有以下特点:

(1) 引导文教学法向学生介绍了他们未来所需具备的技能资格,并向他们展示了一个复杂工作过程中的各个步骤,能够更大程度地激发学生学习积极性和取得更好的学习效果。

(2) 引导文教学法要求学生独立工作,具备针对具体问题的专业知识,从而能够借助教材里的信息文本处理任务。学生必须能够依据引导问题完成自学,学习如何独立制订工作计划,实施和检查工作任务。

(3) 工作任务实践性强并包含相应的理论知识。

(4) 学生分组工作,工作流程结构化,也就是说学生以小组为导向工作,首先自我评价。为此需要应用合适的标准和准则,其可能在计划阶段由学生独立拟订出来。

(5) 引导文教学法使教师有时间能够专心了解学生的个人学习进度和学习上所遇到的困难。

3. 引导文教学法的实施步骤

(1) 问题导入/激发学生积极性。学生在课堂上通过老师的介绍了解学习任务、操作过程和学习目标,切入主题。教师可以借助头脑风暴,进行思想交流后引出问题,进而唤起学生对工作和学习的兴趣。

(2) 咨询。学生独立获取制订计划和执行任务所需要的信息,通过引导问题制订搜寻和解决问题的进程。

(3) 计划。学生借助引导材料独立制订自己的工作计划。

(4) 在与教师的专业对话中详细讨论经过处理的引导文和拟定的决策方案。在这一阶段教师将会检查学生是否已掌握必要的知识。

(5) 实施。学生根据工作计划以团体或分工的形式执行工作任务。

(6) 检查。学生独立检查和评估自己的工作结果。必要情况下学生可使用自己(在计划阶段自主开发)的工具。

培训中经常使用事先设计的检验表格,学生依据工作订单里的预先规定来检查工作成果,并回答一个重要问题:"是否专业地完成了订单?"

工作任务的进程也会影响最终结果的质量。

(7)评价。学生与教师一起对整个工作过程和结果进行评价,利于教师开发和制订新的目标和任务,使教学工作到新的起点。

4. 引导文的构成

基本上由五部分组成。

(1)学习任务的制定

① 教师制定学习目标以后,引入一个学习任务;

② 教师解释学习任务;

③ 通过实际案例引入主题,引起学生的关注,激发学生积极性。

(2)引导问题

① 引导问题是引导文的核心;

② 引导学生独立获取所需信息并针对布置的任务制订工作计划;

③ 为使教师较好地了解学生的学习进度和可能遇到的困难,这些引导性问题应以书面形式回答。

(3)工作计划

① 工作计划由学生独立完成并与教师讨论。

② 一张供学生填写的表格会在他们制订工作计划时起辅助作用。表格里可以填写该工作计划的各个步骤以及必要的材料、工具和设备。

(4)检查/评价表格

① 学生用检查表格评定工作结果;

② 检查表里的重要质量标准围绕给定的任务制订,质量标准可以由学生独立拟订完成。

(5)引导句

① 引导句包含了解决任务所需的所有信息;

② 引导句篇幅首先取决于任务的类型和复杂度;

③ 为新的专业内容独自拟订的信息资料是一个很好的学习辅助工具。

④ 如果学生可以独立开发材料,也要提供手册、表格、图纸和专业书籍供他们使用。

二、引导文教学法案例

(一)蒸汽供暖和热水供暖方案的比较和应用

1. 教学情境描述

淮南矿业集团潘一矿为井筒式煤炭开采矿井,井上、井下共有工作人员约 7 251 名。地理位置处于黄河以南淮河以北,年霜冻期一般在每年的 1 月、2 月、3 月及 12 月,共 4 个月,在这 4 个月中需对地面工作人员办公室、液压设备存贮产房维修车间和主、副井提升井口进行保暖防冻。保暖可采用蒸汽供暖和热水供暖两种方式,请帮助该地区人员计算采用哪种供暖方式更合适。

2. 教学任务

教师为学生制定任务，要求学生按时完成：

(1) 列出蒸汽供暖和热水供暖两种设计方案；

(2) 列出蒸汽供暖和热水供暖两种供暖方式使用的介质的种类和品质；

(3) 绘出蒸汽供暖和热水供暖两种供暖介质的循环方式；

(4) 分别计算蒸汽供暖和热水供暖能源的利用率；

(5) 对蒸汽供暖和热水供暖两种供暖的供暖运行费用进行计算和比较分析；

(6) 在前面基础上对蒸汽供暖和热水供暖进行优缺点比较；

(7) 制订出比较合理的供暖方案。

3. 教学目标

该案例教学适合高职院校三年级学生，学生了解蒸汽供暖和热水供暖的一般步骤，对蒸汽供暖和热水供暖的优缺点和供暖方式比较了解，同时学生经过简单的引导文教学培训，了解引导文教学的基本步骤。

4. 教学准备

引导问题如下。

1) 关于供暖过程和方式

(1) 供暖的具体过程是什么？

(2) 供暖过程选择的依据是什么？

(3) 供暖过程选择需要注意哪些问题？

(4) 供暖过程选择中容易出现哪些误差？ 如何避免？

(5) 供暖方式选择的依据是什么？

(6) 两种不同供暖方式的差别在哪里？

2) 关于供暖使用的介质的种类和品质

(1) 两种不同供暖使用的介质分别是什么？

(2) 两种不同供暖使用介质的品质如何？ 如何判断？

3) 关于供暖介质的循环方式

(1) 两种不同供暖介质的循环方式分别是什么？

(2) 供暖介质循环方式的顺序依据是什么？

(3) 供暖介质循环方式有什么异同点？

4) 关于能源利用率计算和分析

(1) 两种供暖方式能源利用率分别如何计算？

(2) 能源利用率计算方法有什么差异？

(3) 能源利用率计算结果表明什么？

5) 关于供暖运行费用计算和分析

(1) 两种供暖方式运行费用如何计算？

(2) 两种供暖方式运行计算依据是什么？

（3）两种供暖方式运行计算有哪些重要的步骤？

（4）两种供暖方式运行计算有哪些注意事项？

（5）两种供暖方式运行计算结果如何分析？

5. 教学对象组织

由教师分配学生 4～6 人一组进行学习。

6. 设计实施

（1）完成工作计划的制订，参照表 5-14。

表 5-14 工作计划制订

	工作内容	工作步骤	选择依据	注意事项	二者区别
供暖过程及方式					
供暖介质种类					
供暖介质循环方式					
能源利用率					
供暖运行费用					

（2）检查/评价表格（表 5-15）

检查（尤其是学生的自我检查）必须伴随于整个引导文教学工程中。在检查表格中要给出检查的内容，例如：

① 供暖介质的循环方式的选择是否有依据：循环方式的顺序是否符合逻辑？循环方式选择的依据是什么？……

② 能源利用率的计算和分析：能源利用率的计算是否正确？能源利用率的计算公式选择依据是什么？……

表 5-15 蒸汽供暖和热水供暖方案比较评价

	供暖过程及方式	供暖介质种类	供暖介质循环方式	能源利用率	供暖运行费用	总分
蒸汽供暖						
热水供暖						

（二）水泵的实训案例

1. 教学情境描述

教师在课堂中与学生一起讨论水泵，其中需要了解水泵主要性能参数中的流量、扬程、输入功率的测量方法，还要了解如何计算泵的输出功率和效率等参数。

2. 教学任务

教师为学生制定学习任务，要求学生掌握实训过程，必须完成以下任务：

（1）了解实验装置的组成和工作原理；

(2) 在实训过程中掌握流量、扬程、功率等参数的读取,对于不能直接读取的参数,通过换算间接获得;

(3) 掌握水泵输出功率、效率的计算方法;

(4) 熟练应用 Office 软件绘制水泵的性能曲线。

3. 教学目标

学生通过参与实训过程,掌握水泵主要性能参数中的流量、扬程、输入功率的测量方法,并通过计算得到泵的输出功率和效率等参数;在此基础上,绘制水泵的扬程—流量曲线和效率—流量两条性能曲线。

4. 教学准备

请回答关于以下问题。

1) 关于知识准备阶段

(1) 离心泵在启动前有哪些需要注意地方?

(2) 水泵的工作过程具体是什么样的?

(3) 水泵测试中需要记录哪些参数? 请进行列举。

(4) 水泵在运行过程中的有效功率如何计算?

(5) 有效功率计算的公式是什么?

(6) 水泵的轴功率计算公式是什么?

(7) 水泵的效率如何计算?

(8) 水泵的常用性能曲线有哪些?

(9) 如何绘制水泵的性能曲线?

(10) 对水泵的性能进行实际测试基本方法有哪些? 试列举两种,并分别对每种方法进行说明与阐述。

(11) 对水泵性能测试中保持水泵转速不变的情况下,只改变管路特性,如何进行实验设置?

(12) 对水泵性能测试中保持管路特性不变,改变水泵的转速情况下,如何进行实验设置?

2) 实训装置及测试仪器准备阶段

(1) 实训装置中需要用到的设备分别有哪些? 进行列举。

(2) 实训装置中各个设备的具体用途分别是什么?

(3) 实训装置设备连接的具体线路是什么?

(4) 对实训装置及其设备进行不同设计,从而进行区分。

3) 实训操作阶段

(1) 实训操作阶段的基本步骤是什么?

(2) 在实训操作中需要注意哪些常见问题?

(3) 实训操作中如果出现异常情况,应该如何处理?

(4) 列出实训操作的具体步骤,并进行实训前规划。

4) 实训报告阶段

（1）在实训报告前，需要记录哪些数据？

（2）实训报告中需要绘制出哪些水泵的扬程—流量曲线？

（3）实训报告中如何绘制出对应频率下的效率—流量曲线？

（4）最后阶段如何进行自我评价？

5. 教学对象组织

本课程需要 4～6 人为一个小组，进行实验和讨论。

6. 设计实施

请在实训过程中记录以下数据。

（1）原始数据记录及计算

表 5-16　原始数据记录及计算表

实训时间		年级、专业					
实训者姓名		同组者姓名					
1			50 Hz				
	实测流量	入口压力	出口压力	实测扬程	流速	输出功率	输入功率	效率
	$Q/(\text{m}^3 \cdot \text{h}^{-1})$	P_1/MPa	P_2/MPa	$H(\text{mH}_2\text{O})$	$v/(\text{m} \cdot \text{s}^{-1})$	P_w/W	P_1/W	η
1.1								
1.2								
1.3								
1.4								
1.5								
1.6								
1.7								
2			45Hz					
	$Q/(\text{m}^3 \cdot \text{h}^{-1})$	P_1/MPa	P_2/MPa	$H/\text{mH}_2\text{O}$	$v/(\text{m} \cdot \text{s}^{-1})$	P_w/W	P_1/W	η
2.1								
2.2								
2.3								
2.4								
2.5								
2.6								
2.7								
3			40 Hz					
	$Q/(\text{m}^3 \cdot \text{h}^{-1})$	P_1/MPa	P_2/MPa	$H/\text{mH}_2\text{O}$	$v/(\text{m} \cdot \text{s}^{-1})$	P_w/W	P_1/W	η
3.1								
3.2								
3.3								
3.4								

（续表）

	Q/(m³·h⁻¹)	P₁/MPa	P₂/MPa	H/mH₂O	v/(m·s⁻¹)	Pw/W	P₁/W	η
3.5								
3.6								
3.7								
4	35 Hz							
	$Q/(\text{m}^3 \cdot \text{h}^{-1})$	P_1/MPa	P_2/MPa	$H/\text{mH}_2\text{O}$	$v/(\text{m} \cdot \text{s}^{-1})$	P_w/W	P_1/W	η
4.1								
4.2								
4.3								
4.4								
4.5								
4.6								
4.7								
5	30 Hz							
	$Q/(\text{m}^3 \cdot \text{h}^{-1})$	P_1/MPa	P_2/MPa	$H/\text{mH}_2\text{O}$	$v/(\text{m} \cdot \text{s}^{-1})$	P_w/W	P_1/W	η
5.1								
5.2								
5.3								
5.4								
5.5								
5.6								
5.7								

（2）绘制水泵性能曲线及确定拟合方程（表5-17）

表5-17 水泵性能曲线及拟合方程表

水泵型号	性能曲线（横坐标表示流量，左侧纵坐标表示扬程，右侧纵坐标表示水泵效率）	扬程—流量（H-Q）的二次曲线拟合方程	拟合方程的R^2值
50 Hz			
45 Hz			
40 Hz			
35 Hz			
30 Hz			

（续表）

实训中出现的问题	
原因分析和解决方案	
对本次实训的建议	

（三）"水厂给水处理运行中絮凝池改造"案例

1. 教学情景描述

某一中小型自来水厂，处于供水淡季，欲对水厂一水处理设备进行改造，将原回转式絮凝池拟改为往复式絮凝池，请工程技术人员进行工艺改进和绘制工艺图。改造后的往复式絮凝池要求水的流量 75 000 m³/d，絮凝时间采用 20 min，为配合已建成的平流沉淀池宽度和深度，絮凝池宽度 22 m，平均水深 2.8 m。

2. 教学任务

与企业相关工程技术人员合作，由 3~4 人成立小组，互相探讨，相互交流，相互分工组成项目改造团队。通过一定的水力学计算和工艺改进，寻找原回转式絮凝池使用中存在的问题，主要从工艺上进行改进，确定往复式絮凝池工艺尺寸，并将改进后的数据，在图纸上按比例绘出。

3. 教学目标

（1）了解给水处理运行中的絮凝原理；

（2）了解有关的水处理设备改造的主要参数；

（3）了解设备改造中的工艺流程及规范要求；

（4）认识往复式絮凝与回转式絮凝在原理与结构两方面的区别，如图 5-23，图 5-24 所示；

（5）从工艺改造出发确定改造方案并定出相关尺寸；

（6）学会通过手册查找相关数据和参数；

（7）按改造后的絮凝池尺寸作图，绘制改造后的絮凝池方案图；

（8）评价絮凝池改造前后的结果。

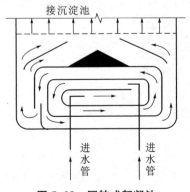

图 5-23　回转式絮凝池

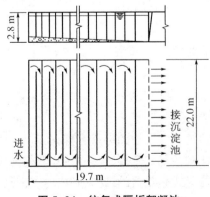

图 5-24　往复式隔板絮凝池

4. 教学准备

（1）给排水工程设计手册——第1、3册；

（2）给排水设计规范；

（3）网络：给排水工程图；

（4）回转式絮凝池图纸一套；

（5）相关参考资料（教科书、引导文教学法资料等）。

5. 教学对象组织

本课程需要学生4～6人为一个小组，进行讨论学习。

6. 设计实施

1）引导文教学法相关资料介绍

引导文教学工作开始之前，请阅读下列内容：

（1）引导文将信息获取（计划）与实践应用和检验联系起来。工作任务的顺序一般情况下不能更改和替换，即使是替换后问题回答的结果更好。

（2）引导文并不是不变的，而是应当根据企业实际情况来使用。因此引导问题可以更改或补充。

（3）引导问题以及问题分析中出现困难时，学生应与教师商量。原则上学生应独立分析解决引导问题，其结果应由学生与教师共同进行评价。

（4）教师与学生共同分析工作任务能够促进相互间的信息沟通交流。成功的重要标准并不是尽可能减少错误，而是学生练习如何独立地分析和完成某个任务。

2）回转式絮凝池改造——往复式絮凝池

（1）改造前的准备

① 絮凝池的类型有哪些？回转式絮凝池存在哪些问题？

请列出从书本学到的、参观所见的、相关专业书籍或网上查找到的絮凝池类型的信息、图片等。

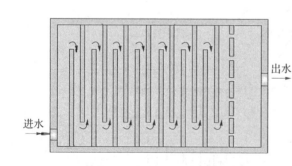

图5-25　往复式絮凝池

② 往复式絮凝池的特点有哪些？

③ 比较往复式絮凝池与回转式絮凝池优缺点？

④ 往复式絮凝池的结构（必要的工艺尺寸、制图，手绘、照片均可，在图上标出要进行改进的工艺结构）。

⑤ 能绘出往复式絮凝池的结构草图吗？

⑥ 如何从水量出发改进絮凝池结构？

⑦ 对池体容积的确定，如何选择合适的计算公式？

⑧ 暂不考虑往复式絮凝池厚度的情况下，能否确定池的净宽度？

⑨ 能否通过查阅相关的手册等资料，分段确定进水和出水流速？

⑩ 能否通过查阅有关公式，对每段廊道宽度、每段流速进行确定？

⑪ 能否通过水力计算，确定每段的沉积水头损失和局部水头损失？

请查找有关水力学知识，查找有关公式和设计参数，计算结果列入表 5-18。

表 5-18 廊道相关参数计算结果一览表

廊道分段数				
各段廊道宽度/m				
各段廊道流速/(m/s)				
各段廊道数				
各段廊道净宽/m				

⑫ 如何确定每段往复式转弯的过水断面尺寸？

⑬ 如何确定絮凝池设计的宽度（考虑往复式的厚度）？

⑭ 需要进行水力校核，如何验算 G、GT 值？

根据公式计算，验算结果在规范允许值内，则满足要求，该设计可行。如超出允许值外，则不满足要求，需重新进行计算，找出问题的原因，从⑧开始计算至⑪。

⑮ 能否将计算结果作图表示？并按比例作平面图和剖面图，标出相关工艺改进尺寸。

⑯ 知道有关环保应用知识吗？能提出节能措施吗？（可提供给厂家可供参考的环保材料）

（2）小组人员分工情况

① 前期准备：资料、信息收集（含规范、手册、工具书、图纸等）；

② 改造方案确定：回转式絮凝池问题分析、往复式絮凝池方案的提出（含设计、计算、工艺改进）；

③ 绘制工艺图与加工图；

④ 确定每人完成的工作内容。

（3）改造方案实施

① 选择合适的絮凝池改进参数；

② 确定往复式絮凝池的池体结构；

③ 寻找可用的规范及要求；

④ 从已定的改进方案出发，确定絮凝池整体改进的步骤与方法；

⑤ 绘制实际施工图纸；

⑥ 对老式絮凝池改造和往复式絮凝池建设进行总结并归纳出改造老式絮凝池的方法

和手段(包括资料、方案、工艺);

　　⑦ 絮凝池改造的体会,对"设计"有何建议? 对环保及节能减排有何建议?

　　(4) 反馈及评价

　　与教师一起评价该絮凝池改造是否合理可行(表5-19)。

表5-19　个人项目测试评价表

序号	评价内容	评价标准	分值	自我评价 (20%)	小组评价 (30%)	教师评价 (50%)	综合评价
1	接受任务态度和认识程度		20				
2	掌握和运用信息工具的能力		15				
3	团队合作与组织能力		15				
4	制订计划和执行任务的能力		20				
5	解决及分析问题能力		20				
6	知识学习的能力		10				

(四) 引导文教学法案例评价

　　引导文教学法通过引导问题这一方式引导学生在完成任务过程之前自主学习课程要求的相关知识技能,补充知识缺陷,有利于学生全面了解所学知识。在案例一中,对于蒸汽供暖与热水供暖两种方案的比较和应用,分别从最初的供暖选择、供暖的具体过程和方式,供暖介质的种类,供暖介质的循环方式,能源利用率的计算与分析,日行供暖费用计算与分析等六个步骤对学生一步步进行引导,通过书面任务的方式帮助学生进行自学,有利于学生在实际操作过程中对接下来的任务进行主动的关注和学习。

　　学生在工作计划和执行过程中融入个人的学习,行动和行为方式成为可能,在课堂上建立了一个良好的合作基础。引导文教学法使学生自己确定学习速度成为可能,它符合一个完整行动的结构。

　　引导文在处理一项任务时结构清晰并保证提供必要的信息。授课教师必须制定和整理学习单元材料,为了应用引导文教学法需要付出相对大的功夫来做准备工作。

第五节　角色扮演教学法

一、角色扮演教学法概述

(一) 角色扮演教学法定义

　　角色扮演是指让学生在一个规定的(表演)时间段内与其他角色(扮演者)协同合作,尝试着承担并实施一个预先设定好的工作任务(角色),同时承担按质量要求完成该工作任务的责任。

角色扮演中两个或多个演员同时进行表演,根据角色间的相互关系可以把角色扮演分为分工合作式和对立竞争式两种类型。

角色扮演过程中系统化的角色互换能够加深和扩展学生对工作过程的理解。

角色扮演中对立角色有时可以由一台电脑来扮演。

角色扮演通常是计划(沙盘)演练教学法的组成部分,计划(沙盘)演练通常分为如下四个阶段:

(1) 角色扮演(包括角色交换)。

(2) 进行批判性的评价,提出和引入改进措施。

(3) 改进后的角色扮演(包括角色交换)。

(4) 最终评价:得出结论和认识。

角色扮演教学法要求学生积极行动并促进个人经验的积累,角色扮演是让学生在给定的工作任务中自主地实施所有的行动,体验分工合作的工作过程中角色间的协同作用,与其他角色扮演者进行交流。因此角色扮演教学法能够促进学生的专业能力、行动能力和社会能力的提高。

角色的任务一般分为手工操作和决策过程两种类型:

(1) 手工操作型任务,例如:

① 根据给定装配图(工作任务提示)进行模具安装;

② 对模具安装质量进行检验和结果记录。

(2) 决策过程型任务,例如:

① 关于购买(数量,时间,成本)相关问题的商业决策;

② 资源分配:对应工作任务的相关人员和设备的配置。

合作式角色扮演的应用范围:

① (象征性的)产品制造流程,可扮演的角色,例如:原材料供应商,制造工,装配工,质量控制员。

② 向顾客供货,可扮演的角色,例如:接单员和调度员,配货员,检验员和包装工,派送员(车辆运输发送方式)。

③ 业务流程处理,可扮演的角色,例如:销售员,生产计划员,原材料和外购件采购员,原材料的仓储管理员。

④ 看板管理组织的产品供应,可扮演的角色,例如:加工和装配站(消费者),超市仓储,配货员,更换容器的循环供货员。

⑤ 模拟公司,可扮演的角色,例如:企业中某功能部门的市场销售和组织管理人员。

对立式角色扮演的应用范围:

① 正反方辩论,可扮演的角色,例如:正方辩手,反方辩手,辩论主持人。

② 求职面试,可扮演的角色,例如:申请某个工作岗位的求职者,公司人力资源部门主管。

③ 及时策略电脑游戏(危机情势下的决策过程),可扮演的角色,例如:在消耗量不定的情况下对于供应安全具有特定目标要求的采购员。

（二）角色扮演教学法的特点

1. 角色扮演教学法的优点

（1）团队合作工作中的经验性学习。

（2）现实化的工作内容和工作环境（包括完成任务的时间要求压力）。

（3）在矛盾冲突情境中做出决策。

（4）在无实际损失风险的情况下，学生具有较大的行动自由度。

（5）学生承担起相应工作岗位的责任。

（6）通过角色互换拓展知识和经验。

（7）理解工作过程中复杂的内在联系、相互依赖性、作用和影响。

2. 角色扮演教学法的缺点

（1）准备工作繁重，对时间和资源要求较高，例如：

① 角色工作任务的描述；

② 工作岗位的设立和配置；

③ 工作资料的制作和准备。

（2）角色互换和评价（讨论）的实施需要较长的整段时间。

（3）角色扮演过程中必须要有一个教师作为指导者和主持人。

（4）在合作式角色扮演中，难以对单个学生做出成绩评定。

（三）角色扮演法的实施步骤

角色扮演教学法的应用一般分为准备、计划、实施、评价和反馈五个阶段，如图5-26所示。

下面对学生和教师在角色扮演教学法应用的各个阶段中所要完成的工作分别加以说明。

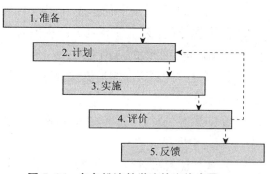

图5-26　角色扮演教学法的实施步骤

1. 学生的工作

1）准备阶段

（1）熟悉。

① 角色扮演的整体过程；

② 角色的工作任务；

③ 角色扮演的目标（学习目标）；

④ 工作文档材料；

⑤ 工作道具。

（2）必要时进行文献调研。

（3）解释理解性问题。

2）计划阶段

（1）工作任务（角色）的分配。

（2）仔细考虑所承担的角色和角色的目标。

（3）确定所采取的行动及过程、行动的自由度和目标实现的途径。

（4）设置工作岗位，必要时确定工作的初始状态。

3）实施阶段

（1）按照需求、任务和质量要求实施行动，并进行必要的决策。

（2）记录事件、行动、决策和结果，必要时记录确认完成任务的信号。

（3）必要时中断角色扮演过程，进行系统性的角色变换。

4）评价阶段

（1）对角色扮演过程中工作岗位相关的内容进行评价。

（2）针对角色扮演的结果，观察到的不足、障碍，等待或缺失事件、质量和组织问题等进行集体讨论。

（3）共同分析原因，提出改善意见。

（4）共同确定如何改进下次角色扮演。

5）反馈阶段

（1）讨论

① 角色扮演的过程；

② 所认识到的因果关系。

（2）必要时对实施改善措施的效果进行评价。

（3）对个人学习收获的反思，主要包括对工作任务、工作内容、职业行动、决策、存在的困难、个人的时间要求、对工作过程的理解等方面的认识。

上述反馈的内容一般要求学生在角色扮演实施之后的一周内以书面报告的形式提交给教师。

2. 教师的任务

1）准备和计划阶段

（1）确定学习目标和学习领域。

（2）阐明角色扮演的类型：

① 合作式角色扮演或者对立式角色扮演；

② 每个角色的扮演者人数。

（3）构建整个角色扮演的过程：

① 确定工作岗位（角色）数量；

② 确定岗位目标，工作内容和工作岗位的界定。

（4）计划和组织角色扮演的流程：

① 包含/不包含角色更换；

② 包含/不包含中期评价（讨论），提出改善意见，检验改善措施的效果；

③ 时间的分配。

（5）制作出适用于所有岗位的工作资料，并在角色扮演教学实施之前发给学生自学。

常用工作资料如下。

① 工作资料 A——描述角色扮演的情境：整个工作过程（输入/输出的对象和信息），工作过程的目标，工作岗位和相互间联系。

② 工作资料 B——描述角色扮演的组织情况和流程：分配的工作岗位数量，时间计划，角色互换，中期评价，改进后的角色扮演。

③ 工作资料 C——描述工作岗位（角色）：各个工作岗位的任务和质量目标，输入和输出的对象和信息，工作行动和决策，工作记录以及各个工作岗位的设备清单。

（6）在正式角色扮演之前进行排练，以获得改进意见和时间需求。

2）实施阶段

（1）预测验：预测验对合作式角色扮演尤为重要。为保证角色扮演教学能够顺利进行，在学生进行角色扮演之前，需要预先测验学生自学相关的工作资料后掌握知识的情况。测验通常采用多项选择题的形式，测验时间在 10 分钟左右即可，未通过测验的学生不允许进入角色扮演的教学环节。

（2）就工作岗位和工作资料问题给予学生指导。

（3）监控角色扮演的开始、结束和持续时间。

（4）必要时在角色扮演过程中引入干扰事件，以培养学生的应变能力。

（5）在角色扮演过程中如有需要，教师要回答学生的提问并提供必要的帮助。

3）评价和反馈阶段

此阶段教师要负责主持中期评价和终期评价的讨论，并针对学生提交的书面报告对学生角色扮演后认知水平的提高进行总结评价。学生认知水平的提高涉及以下几个方面：

（1）预期/非预期的结果；

（2）对工作过程以及工作岗位相互关系和作用的理解；

（3）工作方式和方法的掌握；

（4）所遇到的困难；

（5）工作能力的提高。

二、角色扮演教学法案例

（一）房地产销售员基本素质与技能培训

1. 教学情境描述

霍华德先生是一位房地产销售部门经理，每天面对新来的销售人员，需要对他们进行定期的职业培训，但首先作为一名部门经理，需要了解一名合格的房地产销售需要具备哪些基本的素质和专业技能。

该任务适合于职业学校一至二年级学生。

2. 教学任务

作为房地产销售部门经理，请制作一份房地产营销专业人员需要具备的基本素质、知识与技能的表格,在了解与掌握的基础上,对本部门销售人员进行培训。

3. 教学目标

(1)掌握房地产销售相关理论知识。

(2)对房地产销售人员具备的基本知识具有一定程度的了解。

(3)用案例说明需要的专业知识与技能。

(4)采用角色扮演教学法进行学习,其中一方扮演部门经理对新来的销售人员进行培训,在教学过程中,通过角色扮演让学生对销售人员所需的基本知识和技能充分了解与掌握,同时还可以延伸扩展,让学生分角色扮演销售人员和顾客,以此检测销售人员是否达到课堂教学的销售人员应该具备的基本知识。

(5)联系评价工作成效。

4. 教学准备

房地产人员具备素质(表5-20)。

表 5-20 角色扮演法——房地产销售人员应该具备的素质

基本素质	具有服务意识、责任意识和团队精神,具有遵守纪律、脚踏实地、吃苦耐劳的工作作风
	具有依法办事、客观公正、爱岗敬业、诚信服务的职业道德素养
	具有较好的人际交往能力、语言文字表达能力、计算机操作能力和处理问题的能力
基本知识和技能	具有房地产市场调查的基本知识和房地产方案策划的基本技能
	掌握房地产营销与管理的基础知识,能运用基本理论正确处理各类房地产销售的日常业务
	掌握客源扩展与现场接待的基本方法,具有洽谈签约、招商运营和后期服务等销售实务技能
	熟悉房地产经纪业务的主要流程,具有房地产租售居间与代理操作的基本技能
	知道房屋查验与带客看房的基本要求,具有成交撮合、房价评估、贷款办理和交易操作等房地产经纪操作技能
	具备房屋材料、构造和常用设备使用与维护等基本知识,具有识图与测绘、智能化系统监控等工作能力
	知道物业管理的基本内容,具有设备维护、房屋维护与环境管理等的职业能力
	熟悉物业客户关系维护的基本知识,具有窗口接待、商务服务、应急事件处理等客户服务能力
	具有运用房地产企事业单位行政事务管理的基本知识,参与企业日常行政管理、收费管理、档案管理及人事管理的能力

5. 教学对象组织

由教师分配 4~6 人为一组,选举一人为销售培训经理代表,其他销售代表,进行角色扮演。

6. 设计实施

(1)销售经理提前制作销售人员所需表格。

(2)对其他销售人员进行培训。

（3）共同讨论一名合格的销售人员具备的素质要求。

（二）角色扮演教学法案例评价

本案例中角色扮演很好地促进了学生之间的相互交流，协同合作，锻炼表达能力，让学生在角色扮演者感受职业工作的责任感和岗位情境。

第六节　考察教学法

一、考察教学法概述

（一）考察教学法定义

考察法是由教师和学生共同计划，由学生独立实施的一种"贴近现实"的活动，它包括信息的搜集，经验积累和能力训练。考察法是一种由教师和学生共同参与的教学方法，这种教学方法的中心是学生独立搜集和整理不同来源的信息。

考察法意味着在实践现场对事实情况、经验和行为方式进行有计划地研究，有助于培养学生在走近现实、独立自主的学习过程中认识理解现实的能力。

考察法符合下列教学原则：

（1）探索式学习；

（2）独立自主学习和主体导向；

（3）社会性学习；

（4）方法学习和过程导向；

（5）行动导向；

（6）跨专业学习。

考察法是对企业内外部环境感性的、形象化的调研，通过企业流程和内部联系的概览，获知问题内部联系和相互作用关系，并分析人类侵犯自然造成的影响。考察法可以有以下主体：

（1）企业工作条件和制造流程、特定机器、材料、方法、程序和规章的应用；

（2）完成工作任务过程中必要的专业知识和能力；

（3）公司组织结构和员工协同工作情况，业务流程；

（4）企业劳动和环境保护；

（5）职业培训组织情况；

（6）企业技术信息。

（二）考察教学法的特点

考察教学法是促进学生独立行动，激发好奇心，培养责任感的有计划行动。它促进社会能力和交流能力以及团队工作能力,促进学生开发新环境和新任务的能力,并通过个人体验来提高学习效果。它有以下特点。

1. 优点

(1) 独立学习,不是去理解确定的步骤或结果。

(2) 在独立组织的学习过程中认识、理解现实。

(3) 对现实进行考察既是一种工作,也是一种学习。在此过程中学生不是通过整理材料而是通过实物、个体表现和情境化的主题领域来学习。

2. 问题(缺点)

(1) 容易出现学生因为大量的印象和现象而偏离考察主题的局面。

(2) 考察并不能自动提供正确的认识。解释、评价和与现存经验的比较是必要的。

(3) 对考察对象的准备不足.

(三) 考察教学法的实施步骤

考察教学法的应用一般分为准备、计划、实施、评价和反馈五个阶段,如图5-27所示。

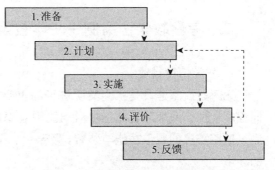

图 5-27 考察教学法的实施步骤

下面对学生和教师在考察教学法应用的各个阶段中所要完成的工作分别加以说明。

1. 准备

准备阶段确定考察主题和考察范围。考察主题和范围是指学生应通过考察所了解认识的生活领域、现实片段。

(1) 学生独立描述考察目标(考察任务);

(2) 就考察主题与相关负责人员建立联系;

(3) 考察日期和考察所需时间;

(4) 必要的技术和组织方面的帮助。

2. 计划

(1) 小组间区分考察任务;

(2) 商定考察流程和确定考察对象领域;

(3) 小组内分配考察任务;

(4) 考察地点信息搜集;

(5) 材料准备(问卷表,考察内容核查表,记录报告);

(6) 记录文档保管。

3. 实施

(1) 现场进行考察的协商和协调;

(2) 根据考察任务各小组独立工作(调查,观察,报告……);

（3）记录（草图，照片，视频，报告……）；

（4）考察完后立即进行讨论。

4. 评价/汇报

（1）小组中交流感受和成果；

（2）就考察行动步骤和方法方面的经验进行讨论；

（3）成果讨论和总结；

（4）以小组方式汇报考察成果。

5. 反馈

（1）哪些方面还可以进一步改进提高？

（2）时间计划安排可行吗？

（3）还有哪些问题？

（4）考察评价中有进一步改善的建议吗？

（5）与企业代表就考察成果的讨论有收获吗？

二、考察教学法案例——学校及其周边建筑环境建设情况调研

1. 教学情境描述

无障碍设施建设是社会文明进步的重要标志。在进行建筑设计时应充分考虑具有不同程度生理伤残缺陷者和正常活动能力衰退者（如残疾人、老年人）的使用需求，配备能够满足这些需求的服务功能与装置，营造一个充满爱与关怀、切实保障人类安全、方便、舒适的环境。

学校作为学生、教师及其他人员生活的地方，在为学生创造美好的校园环境方面具有重要意义。因此学校及其周边建设设施、空气品质、光环境、热环境等因素都需要被考虑到，致力于学生的健康成长，配备能够满足这些需求的服务功能与装置，营造一个充满爱与关怀的校园环境。

该任务适合于职业学校一至二年级学生。

2. 教学任务

请参观考察学校各个建筑及其周边的建筑环境，用照片的形式记录下来。按照住宿、饮食、学习、工作等方面的便利措施进行分类，并查阅相关资料，判断分析学校建筑设施建设情况是否健全，便利设施设计是否合理。

3. 教学目标

（1）了解学校建筑及周边的建筑环境；

（2）对学校整体情况进行了解，为后续研究提供调研记录；

（3）通过考察调研了解考察法的基本步骤、方法及主要操作。

4. 教学准备

（1）纸、笔；

（2）照相机；

（3）录音笔；

（4）相关纸质资料准备。

5. 教学对象组织及设计实施

（1）考察准备，确定考察的主题，2～3人一小组。考察主题按考察对象可以分为：

① 住宿方面（宿舍楼进出口等）；

② 饮食方面（食堂进出口）；

③ 学习方面（图书馆进出口和教学楼进出口等）；

④ 工作方面（办公楼进出口、残疾人专用厕所等）。

（2）考察计划，小组分配考察任务、商定考察对象和考察流程。

（3）实施计划，进行现场考察，整理照片和相关资料并制作成果报告。

（4）评价/汇报，小组中交流感受和成果，进行总结。以小组方式回报考察成果。

（5）反馈，提出考察过程中发现的问题，例如设计或使用上不合理的地方，整理成文，并将报告反馈给大楼使用者。

6. 考察教学法案例评价

学生在经过相关专业知识和操作技能培训以后，必须树立质量意识。在对案例学校及其周边建筑环境进行调研的过程中，通过对现有建筑物的考察，培养学生观察能力，发现质量问题，引起其好奇心和责任感，避免在今后的职业生涯中犯同样的错误。发现问题后，学生还要查阅资料，访问专家，提出质量原因，培养了学生的交流能力、分析问题能力。

考察教学法是学生对现实中存在的事实情况进行有计划地研究，有利于学生走进现实，在考察过程中提高自己理解现实、解决问题的能力。在案例中对于学校及其周边建筑设施建设情况调研中，学生不仅可以了解目前学校的便利措施都有哪些，是否健全，还可以同过自己的观察和对相关资料的研究指出学校便利措施设计不当的地方，提高学生的观察能力和分析问题的能力。

第七节　案 例 教 学 法

一、案例教学法概述

（一）案例教学法的定义

20世纪初，哈佛大学创造了案例教学法。即围绕一定培训的目的把真实的情景加以典型化处理，形成供学生思考分析和决断的案例（通常为书面形式），通过独立研究和相互讨论的方式提高学生的分析问题和解决问题的能力的一种方法。这种教学方法依照法律工作中的立案办法把教学内容编成案例形式来进行教学，在当今世界的教育和培训中受到重视和广泛应用。

案例教学法将特定的职业或专业相关的事件、过程、发展、行动、情景等以陈述或者报告的形式再现,其中特别事件的时序、该事件发生的特别背景明显可辨。案例教学法鼓励学生为案例中介绍的问题寻找可行的解决方法,分析其可行性并解释、证明原因。学生必须搜寻更多新信息或者利用现有资料获取信息,同时全面考虑这些信息,并跟案例紧密联系起来。

利用案例教学进行学习可以达到以下目的:

(1) 寻找所提出问题的可能的解决方案;

(2) 借助合适的材料深入思考或检测已有的解决方案,提出并论证解决建议。

其中,自主学习和合作学习通常占据主导地位。学习的结果除了认识了解问题以及可能的解决方案,还可以确认特别重要的事物之间的相互关联;将案例中发现的结果、相互关联及行事方式进行有意义的抽象和推广。

(二) 案例教学法的特点

1. 案例教学法的优点

(1) 案例教学法是一种归纳的教与学的策略,学生通过对单个的案例进行深入思考,从而领会其特别之处,然后尝试着由此推断出普遍意义。教学根据设计的不同,学生行为的自主程度也各不相同,复杂度和问题性也不相同,可涉及认知、实践及情感等不同方面。

(2) 案例教学是一种弹性教学方法,在学生和学习对象之间架起沟通的桥梁。

(3) 能够调动学生学习主动性。教学中,由于不断变换教学形式,学生大脑兴奋不断转移,注意力能够得到及时调节,有利于学生精神始终维持最佳状态。

(4) 生动具体、直观易学。案例教学的最大特点是它的真实性。由于教学内容是具体的实例,加之采用是形象、直观、生动的形式,给人以身临其境之感,易于学习和理解。

2. 案例教学法的不足之处

案例的来源往往不能满足教学的需要。研究和编制一个好的案例是教学的关键。

3. 设计指标

(1) 叙事性。能够创建叙事的学习情境是案例教学法的显著特征,可以帮助学生贴近生活情境,集中注意力,并融入前知识。叙事性给学生的自主学习传递了细节饱满的情境,介绍了多样的问题和处理方法,允许有不同的解决方案,为学生的自主学习提供了基础。

(2) 问题范围广泛性与复杂性。案例中包含的问题很广泛,从非常棘手的专业问题到简单的工作任务都有,简单工作任务的问题就是找出隐含的、并非可以立即察觉的逻辑关系。因此,原则上可以很好地根据学生、学习对象、要求和框架条件调整案例研究中的问题。

案例的复杂度同样也可以有很多变化,由相关元素的类型和数量构成的内在结构以及这些元素之间的联系都可以有所变化。

(3) 讲述内容的虚构/事实。案例教学法以真实发生的事件为基础,但是案例的报告中也有虚构的成分,这是因为已经出于教学目的对该故事进行了"教学处理"。

(4) 学习环境(信息环境)的封闭性/开放性。封闭性指的是案例中已经给出全部相关的信息。开放性指的是学生也可以根据需要(通过互联网或者企业)引入或筛选相关信息。开放的学习环境非常符合学生在日常生活中解决问题的真实情境。

(5)定义问题/提出任务的封闭性/开放性。如果要鼓励学生尝试并使用不同的学习策略(精细化和深入处理的认知策略,元认知策略,情感、资源管理),就必须设计开放性的任务。

(6)问题解决方案的封闭性/开放性。原理同(5)。此外,随着复杂性和现实性的增加,必然会出现多样化的解决途径和解决方案。这反过来也促进了学习策略方式的多样化。

(三)案例教学法的实施步骤

案例教学法的作为行动导向教学方法,同样具备准备、计划、实施、评价/监控和反馈五个阶段。按照具体的情境设计,如图5-28所示。

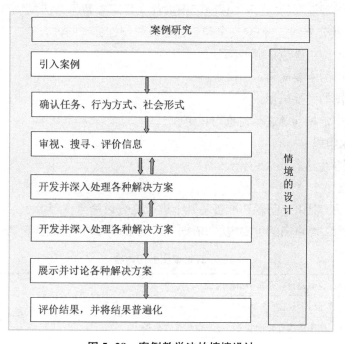

图5-28 案例教学法的情境设计

二、案例教学法案例——室内给排水工程图纸审核案例

1.教学情境描述

某高层建筑排水系统2~28层排水立管与首层排水在地下一层干管上汇合,但是垂直距离和水平距离不符合要求,由于反压的作用,将会导致在用水高峰时出现从首层甚至二层卫生器具返水的功能性隐患,这样的设计,很明显违反了《建筑排水设计规范》第3.3.18条规定,即:最低排水横支管与主管连接处距排水主管底,垂直距离,13~19层,不小于

3 m,20 层不小于 6 m；排水支管连接在排出管或排水横干管上时，水平距离不小于 3 m，不符合以上两条要求的应将排水支管单独排出室外。

提问：如果你是监理工程师，进入施工现场后，拿到图纸应该如何进行工程图纸审核？审核的内容的是什么？依据是什么？

2. 教学任务

分小组讨论作为一名合格的监理工程师，在审核室内给排水工程图纸时，应该如何进行计划和操作，并且提交相关书面文档。

3. 教学目标

（1）掌握室内给排水工程图纸审核一般步骤。

（2）掌握工程图纸审核的内容及审图依据。

（3）熟悉并了解一般给排水工程图纸常见问题。

4. 教学准备

（1）查找建设部发布的《建筑工程施工图设计文件审查暂行办法》规定，了解有关法律、法规对施工图涉及公共利益、公众安全和工程建设强制性标准的内容。

（2）讨论一般施工图包括哪些部分。

（3）了解审图的主要内容。

（4）了解审图的主要依据。

（5）对图纸中常见问题进行讨论与设定。

5. 教学对象组织

由教师分配学生进行小组讨论。

6. 设计实施

（1）任务讨论：对以上问题在准备基础上进行充分讨论与整理。

（2）任务执行：对审图的主要内容、依据等形成书面文档，详见表5-21。

表 5-21　审图书面内容

审图内容	设计说明是否有含糊不清的问题
	建筑、结构与机电各专业图纸本身是否有差错、是否有不交圈的情况
	施工图中所列各种标准图册施工单位是否具备
	工艺管道、电气线路、设备装置、运输道路与建筑物之间或相互间有无矛盾，布置是否合理
	预留孔洞，预埋件是否表示清楚，标注有无遗漏
审图依据	《工程建设标准强制性条文》（房屋建筑部分）、《建筑给水排水设计规范》《建筑设计防火规范》《高层民用建筑设计防火规范》《自动喷水灭火系统设计规范》《全国民用建筑工程设计技术措施》《国家建设标准设计图集》《91SB 华北图集》等
审图常见问题	违反相关设计规范和强度要求的问题
	设计说明中不明确的问题
	设计方案不合理的问题

7. 案例教学法案例评价

案例研究与具体的教育教学工作相结合，工作、教学与研究一体化，着眼于解决教育教学过程中出现的真实的问题,强调实践与反思,强调合作与分享,最终目标是调整与改进教师的教育教学行为,增加教师的实践智能;案例研究是开放的,允许学生从各个侧面对案例作多元解读;案例研究是有限制的,不能指望通过案例研究就能解决所有问题,更不能不顾特定的历史条件、背景,而把有限制的对案例的认识和解读推而广之、无限扩大。

第八节 卡 片 展 示 法

一、卡片展示法概述

1. 卡片展示法定义

卡片展示法(Metaplan)是埃伯哈德(G. Eberhard)和施内勒(W. Schnelle)开发出来的会议技术。作为行动导向的教学方法之一,卡片展示法也在学校中获得了广泛应用。

卡片展示法是在展示板上,钉上由学生或教师填写的有关讨论或教学内容的卡通纸片,通过添加、移动、拿掉或更换卡通纸片进行讨论,得出结论的研讨班教学方法。卡片展示教学法的结果总是一张张挂满各种卡通纸片的张贴板。

卡片展示法采用的主要工具如下。

(1)展示板。可用硬泡沫塑料、软木等制成,一般高度为 1~1.5 米,宽度为 1~2 米。展示板可固定在墙壁上,也可以安置在专门的支架上。

(2)盖纸。即面积与张贴板等大的书写用纸,必要时可以在上面书写、画图、制表或粘贴。

(3)卡片。可采用多种颜色和形状,如长方形、圆形、椭圆形甚至云彩和箭头形状等。

(4)大头针。比常用的要大些,以便于插上和拔下。

(5)其他。如记号笔、胶棒和剪刀等。

2. 卡片展示法的适用场合及特点

卡片展示法主要适用于以学生为中心的教学中,用于满足以下教学目标:

(1)制订工作计划;

(2)收集解决问题的建议;

(3)讨论和做出决定;

(4)收集和界定问题;

(5)征询意见。

卡片展示法的突出优点是,可以最大限度地调动所有学生的学习积极性,有效克服谈话法不能记录交谈信息和传统的黑板上文字内容难以更改、归类和加工整理的缺点,在较短的时间里获得最多的信息。展示板上的内容既有讨论的过程,又有讨论的结果;既是学生集思广益和系统思维的过程,又是教师教学活动的结果。因此,卡片展示法几乎是现代职业教育的各种教学方法如"大脑风暴"法等中必需的工具。

3. 卡片展示法的实施步骤

（1）开题。常采用谈话或讨论方式。教师提出要讨论或解决的课题，并将题目写在盖纸、云彩形或特殊的卡片上，用大头针钉在展示板上。

（2）收集意见。学生把自己的意见以关键词的形式写在卡片上，并由教师、学生自己或某个学生代表钉在展示板上。一般一张卡片只能写一种意见，允许每个学生写多张卡片。每张卡片的书写应该使其钉在展示板上后使每个与会者都能看清。

（3）加工整理。师生共同通过添加、移动、取消、分组和归类等方法，将卡片进行整理合并，进行系统处理，得出必要的结论。

（4）总结。教师总结讨论结果。必要时，可用各种颜色的连线、箭头、边框等符号画在盖纸上。

（5）将卡片用胶棒粘贴在盖纸上固定，成为最终结果。

原则上，教师应当在教学过程中尽量减少自己的主动行为，而只是通过富有艺术性的提问或介绍，促使学生积极主动地去思考、讨论和表达自己的意见。采用卡片展示法的目的，是要获得一个所希望的、能够代表大多数学生意见的结果。因此，在教学结束时，应该使所有的学生都认同张贴板上的结果。应当注意保持卡片的匿名性，不要随便扔掉任何一张卡片或批判任何一个学生的意见。必要时，可暂不处理一些关系不大的意见或在一些卡片上打个问号。

二、卡片展示教学法案例——给水系统的组成案例

1. 问题导入

给排水课堂上，由教师展示一幅建筑内部给水系统的图片，图片中展示有给水系统的各个组成部分（图 5-29）。随后由教师组织大家分小组讨论，了解一般建筑积水系统是学习给排水的基础，提出问题：一般建筑的给水系统包括哪些部分？

2. 学习任务

了解并掌握一般建筑给水系统组成部分。该案例适合于职业学校一年级学生。

3. 教学组织

（1）导入。通过图片展示，教师引入了"了解一般建筑给水系统组成部分"这一题目，并将题目写在了卡片上，用大头针钉在展示板上。

（2）分组讨论。教师按照一定顺序将学生随机分为几个小组，学生经过自己的思考、日常生活的经验，将不同的组成部分分别写在卡片上，由各组组长将所有的卡片都钉在图片相应部分上。

（3）加工整理。师生共同讨论，通过添加、移动、取消、分组等方法，将卡片进行整理，并把相应的卡片贴在展示板图片给水系统的不同组成部分。

（4）总结。教师总结讨论结果。必要时，可用各种颜色的连线、箭头、边框等符号画在盖纸上。

（5）将卡片用胶棒粘贴在盖纸上固定，成为最终结果。

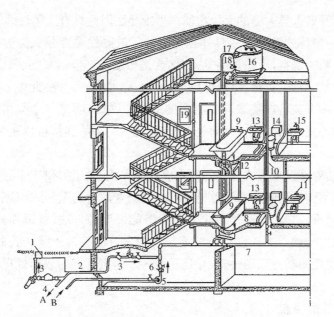

1—阀门井；2—引入管；3—闸阀；4—水表；5—水泵；6—逆止阀；7—干管；8—支管；9—浴盆；
10—立管；11—水龙头；12—淋浴器；13—洗脸盆；14—大便器；15—洗涤盆；16—水箱；
17—进水管；18—出水管；19—消火栓；A—入贮水池；B—出贮水池

图5-29　一般建筑给水系统组成

4. 卡片展示法案例评价

运用卡片展示技术可以通过书写讨论的方式将学生引入交流的氛围。相对于报告或其他类型的讨论，卡片展示法可以使每一位学生积极地加入发现和解决问题的工作中去。卡片展示技术的优点在于，可以将流动的口头讨论和固定的书面记录通过卡片展示在学生和教师之间形成交互工作。应用该方法追求调动学生的积极性，故要求学生座位秩序宽松，方便学生走离座位。不是像以往坐着讨论，书面讨论的交流是在参与者在座位与展示板之间的运动中进行的。

第九节　思维导图法

一、思维导图法概述

1. 思维导图法的定义

思维导图，又称为心智图，是表达发射性思维的有效的图形思维工具，是一种革命性的思维工具。简单却又极其有效。思维导图运用图文并重的技巧，把各级主题的关系用相互隶属与相关的层级图表现出来，把主题关键词与图像、颜色等建立记忆链接。思维导图充分运用左右脑的机能，利用记忆、阅读、思维的规律，协助人们在科学与艺术、逻辑与想象之间平衡发展，从而开启人类大脑的无限潜能。思维导图因此具有人类思维的强大功能。

思维导图是一种将放射性思考具体化的方法。放射性思考是人类大脑的自然思考方式，每一种进入大脑的资料，不论是感觉、记忆或是想法——包括文字、数字、符码、食物、香气、线条、颜色、意象、节奏、音符等，都可以成为一个思考中心，并由此中心向外发散出成千上万的关节点，每一个关节点代表与中心主题的一个联结，而每一个联结又可以成为另一个中心主题，再向外发散出成千上万的关节点，而这些关节的连接可以视为记忆，也就是个人数据库。

思维导图以放射性思考模式为基础的收放自如方式，除了提供一个正确而快速的学习方法与工具外，运用创意的联想与收敛、项目企划、问题解决与分析、会议管理等方面，往往产生令人惊喜的效果。它是一种展现个人智力潜能极至的方法，将可提升思考技巧，大幅增进记忆力、组织力与创造力。它与传统笔记法和学习法有量子跳跃式的差异，主要是因为它源自脑神经生理的学习互动模式，并且开展人人生而具有的放射性思考能力和多感官学习特性。

2. 思维导图法的特点

随着人们对思维导图的认识和掌握，思维导图可以应用于生活和工作的各个方面，包括学习、写作、沟通、演讲、管理、会议等，运用思维导图带来的学习能力和清晰的思维方式会改善人的诸多行为表现：

（1）提高教学效率，更快地学习新知识与复习整合旧知识。

（2）激发学生的联想与创意，将各种零散的智慧、资源等融会贯通成为一个系统，形成系统的学习和思维的习惯。

（3）思维导图的优势，能够清晰的体现一个问题的多个层面，以及每一个层面的不同表达形式，以丰富多彩表达方式，体现了线型、面型、立体式个元素之间的关系，重点突出，内容全面，有特色。

3. 思维导图法的实施步骤

（1）制作工具

① 一些 A3 或 A4 大的白纸；

② 一套 12 支或更多的好写的软芯笔；

③ 4 支以上不同颜色，色彩明亮的涂色笔；

④ 1 支标准钢笔。

（2）主题

① 最大的主题要以图形的形式体现出来，称之为中央图，要有三种以上的颜色；

② 一个主题一条大分支，有多少个主要的主题，就会有多少条大的分支，每条分支要用不同的颜色。

（3）内容要求

① 运用代码，尽量应用小插图等代码；

② 箭头的连接，把有关联的部分用箭头连起来；

③ 只写关键词，并且要写在线条的上方。

（4）线条要求

① 线长等于词语的长度；

② 中央线要粗；

③ 当分支多的时候，用环抱线把它们围起来，让整幅思维导图看起来更美观。

（5）总体要求

用数字标明顺序。

做思维导图时，它的分支是可以灵活摆放的，除了能理清思路外，还要考虑到合理地利用空间，更合理地安排内容。

二、思维导图法案例——燃气埋地管道泄漏事故发生的原因案例

1. 教学情境描述

北京市某地区燃气埋地管道发生泄漏，请首先分析该地区燃气埋地管道泄漏事故发生的原因。

2. 教学任务及目标

了解并掌握一般燃气埋地管道发生泄漏事故原因分析的方法及分析思路，该案例适合于职业学校一年级学生。

3. 教学准备

多媒体展示工具、思维导图软件等。

4. 教学对象组织及设计实施

（1）由教师组织学生首先对事故发生原因进行讨论。

（2）教授学生如何用思维导图软件。

（3）利用思维导图软件对事故原因进行分析，将整个燃气埋地管道泄漏事故原因的分析过程用思维导图法画出，如图 5-30 所示。

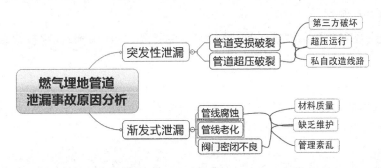

图 5-30　燃气埋地管道泄漏事故原因分析过程思维导图

5. 思维导图法案例评价

思维导图法为学生提供一个有效思维图形工具，运用图文并重的技巧，开启学生大脑的无限潜能。心智图充分运用左右脑的机能，协助学生在科学与艺术、逻辑与想象之间平

衡发展。近年来思维导图完整的逻辑架构及全脑思考的方法更被广泛应用在学习及工作各个方面,大量降低所需耗费的时间以及物质资源,对于提升每个学生的学习效率,必然产生令人无法忽视的巨大功效。

第十节　模 拟 教 学 法

一、模拟教学法概述

(一) 模拟教学法的基本含义

模拟法指的是按照时间发展顺序,在模型的辅助下,按照事情发展的逻辑顺序及其依存关系和相互作用来复制事件、流程(过程)。在模拟过程中,事件、流程(过程)被有目的地简化,并按照时间发展顺序,塑造出原型的基本特征和功能关系。

模拟教学法可使学生通过观察一段时间内的事件、流程,理解其中的逻辑关系,通过实验(探究学习),激发学习的积极性和好奇心,进行系统地思考和有计划地行动。

(二) 模拟教学法实施的一般步骤

模拟教学法在实施过程中分为学生操作和教师(或称主持者)操作两部分。

1. 学生操作流程

(1) 准备

熟悉现实的问题以及解决问题所需的基本知识,熟悉真实系统(模拟器)的功能模型。

(2) 计划

要求对预计取得的结果、相关联系及发展提出假设,制订模拟实验的运行计划。

(3) 设置初始状态

能够开始、观察并结束模拟运行;执行必要的行动,并作决策;保存模拟结果和模拟流程的信息。

(4) 评价/汇报

对收集到的信息,进行评价、总结;比较系列实验的结果,决定下一步的实验;将实验结果存档并得出结论;最后汇报结果。

(5) 反馈

将结果与一开始提出的假设进行比较与反思,应体现在以下三个方面:①专业知识及其相互关系;②解决问题的操作方法是否得当;③必需的时间和工作计划是否安排合理。

2. 教师(主持者)操作流程

在模拟教学前,教师应首先确定学习目标和学习领域,解释模拟法应用的类型,如演示、训练、功能测试或者模拟实验等,并开发学习材料以描述现实的问题并解决问题。

采用模拟教学须按照以下步骤开发真实系统的功能模型(模拟器)：①弄清原型/模型的相似关系；②选择"模型材料"；③确定学生在模拟中要接受的任务；④计划时间并控制模拟；⑤在实时模拟的过程中做记录并搜集信息；⑥"制造"仿真模型；⑦对功能进行测试和确认；⑧编写学习材料描述仿真模型的工作原理和模拟器的使用,并根据开发的学习材料和编写的学习材料及模拟器尝试要解决的问题,通过第三方来确定需要改善的地方及其所需的时间。

在模拟教学过程中对学生进行辅导,包括以下内容：①知识检测：检测学生在自学中掌握的知识(学习材料)；②指导学生独立操作模拟器；③回答出现的问题,必要时提供帮助；④观察工作进程；⑤收集反复出现的问题和需完善的条件。

在以下方面辅导学生进行评价：①比较性地对结果进行反馈与评价；②得出结论；③对操作方法进行介绍。通过评价和反馈使学生获得以下两方面的知识增长：①预计出现的或意料之外的结果产生知识增长；②在程序和工作方法方面产生知识增长。

教师对学生的最终评价由三个部分组成：①模拟器的实际操作能力；②结果汇报(演讲)能力；③小组总结报告。

(三) 模拟教学法的优缺点

1. 模拟教学法的优点

(1) 可以模仿复杂的情景,达到学习、测试和实验的目的。

(2) 可以组织安排个人独立工作和团队合作。

(3) 可以通过观察和实验来加深对动力系统和加工过程中复杂相互作用的理解。

(4) 支持个人对所作决定和采取的方案在短期和长期内的功效进行自我检测。

(5) 可以检测个人能力和技能。

(6) 可以实现个人探究性的学习。

(7) 一个模拟器可用于多种不同的学习目标和问题情境。

2. 模拟教学法的缺点

(1) 必须拥有仿真模型(模拟器),并且该设备可供教学使用。

(2) 模拟器的研发与制造成本很高,需要时间和资源。

(3) 对于学生个体关于搜寻、修改实验策略的咨询,要求对可能出现的错误和学生必须清楚阐明的因果关系进行大量讨论。

二、模拟教学法案例

(一) 触电急救方法案例

1. 教学情境描述

某建筑设备安装员在安装设备过程不小心触电,请对其进行急救。

2. 教学任务

(1) 了解触电后的临床表现：全身表现及局部表现。

（2）了解触电急救安全注意事项。

（3）了解使触电者脱离电源的方法。

（4）实施现场急救。

（5）抢救有效的特征表现。

（6）了解清除呼吸道异物的方法。

3. 教学目标

（1）知识目标：掌握触电及其危害的基本概念，熟悉触电急救安全注意事项及使触电者脱离电源的方法。

（2）能力目标：掌握触电急救的基本常识，具备心肺复苏的基本操作技能。

（3）方法能力：通过教师、同学及媒体的帮助，感受实际工作的生产流程，学会表达解决问题的过程和方法，培养综合运用知识分析、处理实际问题的能力；锻炼学生发现问题的能力，提高组织、交往与协作能力。

4. 教学准备

所用教学设备和工具包括心肺复苏模拟人、心肺复苏模拟人救助视频等。

5. 教学对象及组织

教师分组对学生进行模拟教学法教学。

6. 设计实施

（1）由教师提出工作任务：在心肺复苏模拟人上进行触电急救。

（2）项目任务：模拟标准气道开放，计数显示、语言提示。

① 人工手位胸外按压，如图 5-31 所示。

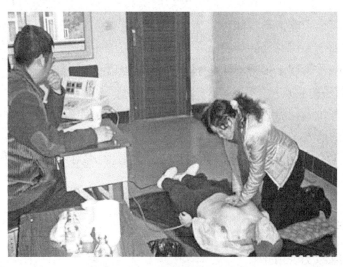

图 5-31 心肺复苏模拟人救助

② 人工口对口呼吸（吹气），如图 5-32 所示。

③ 按压与人工呼吸比：30 : 2（单人或双人）。

④ 操作周期：2 次有效人工吹气，按按压与人工吹气 30 : 2 五个循环周期 CPR 操作。

图 5-32 人工呼吸

⑤ 操作频率：最新国际标准为 100 次/分。

⑥ 操作方式：训练操作；考核操作。

⑦ 操作时间：以秒为单位计时。

⑧ 成绩打印：操作结果热敏打印成绩单。

⑨ 检查瞳孔反应：考核操作前和考核程序操作完成后模拟瞳孔散大、缩小的自动动态变化过程。

⑩ 检查颈动脉反应：用手触摸检查，模拟按压操作过程中的颈动脉自动搏动反应。教学设计见表 5-22。

表 5-22 模拟教学法教学设计

课程名称	建筑电气设备安装工艺		
	工作任务	触电急救	建议学时：2 学时

教学目标
1. 了解触电急救的正确方法；2. 掌握人工呼吸急救法；3. 掌握胸外心脏挤压急救法

教学内容	教学方法建议
1. 触电后的临床表现(0.1H)； 2. 触电急救安全注意事项(0.2H)； 3. 清除呼吸道异物的方法(0.3H)； 4. 现场心肺脑复苏(1H)	模拟教学法

教学媒介	考核与评价	学生已有基础	教师需要的能力
1. 教材； 2. 多媒体课件； 3. 实训指导书； 4. 相关图片、视频； 5. 模拟人	考核注重过程： 1. 考勤和态度； 2. 正确诊断和采取有效的急救方法； 3、要求熟练掌握急救要点，熟练进行口对口吹气及胸外心脏按压； 4. 成果评价	1. 电工基础； 2. 建筑用电安全知识	1. 熟练掌握对触电者心跳呼吸的诊断； 2. 熟练掌握心肺脑复苏的徒手操作； 3. 熟练掌握清除呼吸道异物的方法； 4. 具有较先进的职业技术教育理念，掌握职业技术教育常用方法和手段

（3）评价总结

肯定学生工作成绩；由学生自行总结任务完成情况，教师帮助分析并进行点评，分析实施急救过程中的技巧。

（二）模拟教学法案例评价

本案例"触电急救"适合采用模拟教学法，可以模仿复制出危险、昂贵、复杂的情景，使学生通过观察和经历一段时间内的事件流程，提高应急情况下学生独立工作和团队合作共同处理问题的能力。

参 考 文 献

［1］ BADER R. Konzeptionen der Lehrerausbildung für berufliche Schulen. In: Lehr erbildung im Spannungsfeld von Wissenschaft und Beruf［M］. Universitätsverlag Dr. N. Brockmeyer. Bochum,1995.

［2］ DRECHSEL K. Fachrichtungsspezifische Ansätze zur handlungsorientierten Gestaltung der Universitären Ausbildung von Berufsschullehrern der Fachrichtung Elektrotechnik. In: Beiträge zur Fachdidaktik Elektrotechnik［M］. Stuttgart, 1996.

［3］ GRONWALD D, MARTIN W. Fachdidaktik Elektrotechnik. In: Fachdidaktik des beruflichen Lernens［M］. Stuttgart, 1998.

［4］ SCHANZ H. Lehre und Forschung der berufliche Fachdidaktiken an deutschen Universitäten. In: Fachdidaktik des beruflichen Lernens［M］. Stuttgart, 1998.

［5］ POSCH P. Fachdidaktik in der Lehrerbildung. In: Fachdidaktik in der Lehrerbildung［M］. Wien, 1983.

［6］ KOEHNLEIN W. Beziehungen und gemeinsame Aufgaben von Fachdidaktik, Fachwissenschaft und Allgemeiner Didaktik. In: Fachdidaktik zwischen Allgemeiner Didaktik und Fachwissenschaft［M］. Bad Heilbrunn: Klinkhardt, 1990.

［7］ KREUZER H, LOOFT M. Lernfeld. Vom fächerstrukturierten zum handlungsorientierten Unterricht ［J］. Berufsbildung, Heft 61, 2000:21-23.

［8］ JENEWEIN K. Methoden beruflichen Lernens und Handelns in der Fachrichtung Elektrotechnik — Eine fachdidaktische Aufgabe. In: Lehrerbildung im gesellschaftlichen Wandel［M］. Frankfurt am Main, 2000: 315-341.

［9］ LIPSMEIER A, RAUNER F. Beiträge zur Fachdidaktik Elektrotechnik［M］. Stuttgart, 1996.

［10］ OTT B, GOETZ S, HOHENBURG R. Problem- und handlungs- orientierte Ausbildung an der Universität-Lehramtsstudierende projektieren eine Roboterzelle. In: Die berufsbildende Schule［J］, Heft 51, 1999:59-62.

［11］ SPOETTL G, DREHER R, BECKER M. Eine kompetenzorientierte Lernkultur als Leitbild für die Lehrerbildung. In: Lehrerbildung und Schulentwicklung in neuer Balance［M］. ORT 2004: 42-56

［12］ BLOY W. Fachdidaktik: Bau-, Holz- und Gestaltungstechnik. Handwerk und Technik［M］. Hamburg:1994.

［13］ GRONWALD D. Der Experimentalprozeß im Unterricht in der beruflichen Bildung［M］. Hamburg im Okt, 1977.

［14］ HOEPFNER H D. Integrierende Lern- und Arbeitsaufgaben［M］. IFA-Verlag GmbH Berlin, 1995.

［15］ RAUNER F. Experimentierendes Lernen in der technischen Bildung. In: Experimentelle Statik an Fachhochschulen. Didaktik, Technik, Organisation, Anwendung［M］. Alsbach, 1985.

［16］ STEFFENS K. Experimentelle Statik an Fachhochschulen: Entwicklung eines didaktischen und technischen Konzeptes für die Lehre［M］. Forschungsbericht, Hochschule Bremen, Fachbereich

3，1984.

[17] HOEPFNER H D. Self-reliant learning in Technical Education and Vocational Training (TEVT)[M]. BOBB Berlin，Germany.

[18] YAN M Z. Experimentelle Statik — Berufswisschaftliche Grundlage fuer das experimentelle Lernen im Bereich der Baustatik[D]. Universitaet Bremen，Germany，2001

[19] 赵志群.职业教育与培训学习新概念[M].北京：科学出版社,2003.

[20] 韩桂凤.现代教学论[M].北京：北京体育大学出版社,2003.

[21] 商继宗.教学方法——现代化的研究[M].上海：华东师范大学出版社,2001.

[22] 国家教委职业技术教育中心研究所.职业技术教育原理[M].北京：经济科学出版社,1998.

[23] 陈祝林,雅尼士,徐朔.职业教育中的新型教学方法和教学媒体,同济大学,1999.

[24] 姜大源.当代德国职业教育主流教育思想研究[M].北京：清华大学出版社,2007.

[25] 姜大源.学科体系的结构与行动体系的重构——职业教育课程内容序化的教育学解读[J].中国职业技术教育,2006：5.

[26] 王露.浅谈建筑电气的节能[D].西安：长安大学,2013.

[27] 罗永海.浅谈建筑给排水施工技术[J].科技创新与应用,2014(13)：1.

[28] 张倩倩.探讨现代建筑电气技术的发展[J].科技致富向导,2012(18)：1.

[29] 饶开成.给排水工程施工过程中的管理[J].建材与装饰旬刊,2007(10)：206-207.

[30] 陈嵛.建设项目设计阶段工程造价的控制研究[D].西安：西安建筑科技大学,2007.

[31] 张庆薇.论室外给排水工程施工工艺与流程[J].民营科技,2014(7)：1.

[32] 陆晓霞.浅谈我国房屋建筑工程设备安装现状及管理措施[J].江西建材,2014(18)：1.

[33] 马向南.城市燃气埋地管道泄漏事故应急资源调度的研究[D].北京：首都经济贸易大学,2010.

[34] 杜巍巍.广州地区住宅机械通风技术的研究[D].广州：华南理工大学,2010.

[35] 柴学文,李保春.蒸汽供暖和热水供暖方案比较和应用[J].能源研究与信息,2007,23(1)：36-39.

[36] 陈祝林.给水排水专业教学法[M].北京：中国建筑工业出版社,2011.

[37] 张建荣,颜明忠.工业与民用建筑专业教学法[M].北京：中国建筑工业出版社,2012.

[38] 张国强.建筑环境与设备工程专业导论[M].重庆：重庆大学出版社,2007.

[39] 白莉.建筑环境与设备概论[M].长春：吉林大学出版社,2008.

[40] 卢军.建筑环境与设备工程概论[M].重庆：重庆大学出版社,2003.